イネつくりの基礎

農文協 編

農文協

本書は『イネつくりの基礎』（１９７３年）を底本に、判型を拡大して復刊したものです。

登場する農業資材や書籍等に現在入手できないものがありますことをご承知おきください。

『イネつくりの基礎』復刊にあたって

この本で稲作の勉強をした、という農家は多い。改めて読みなおしてみて、これはまさしくイネつくりの基礎本として優れた名作だと確信し、次世代に伝えたいと復刊することにした。

本書の発行は昭和48年（１９７３年）、本書の誕生には二つの背景があった。

一つは、昭和30年代後半から40年代前半にわき起こった「片倉稲作」を中心とする、農家による全国的な増収技術の展開である。元肥重点であとは水管理ぐらいしか手の打ちようがなかったイネつくりに対し、山形の片倉権次郎さんは、元肥を減らし、穂肥、実肥と追肥していく追肥重点のイネつくりで安定増収を実現し、地域で注目されていた。イネの生育過程を前期・中期・後期の三つに分け、ポイントとなる時期（出穂30日前）をすえて技術を仕組んでいく片倉さん。農文協の編集部では、片倉さんの田んぼに何度も通い、片倉さんのイネの見方を丹念に聞き取り、月刊誌『現代農業』で連載を組み、それをもとに単行本『誰でもできる五石どり』を発行した。その反響は大きく、地力が低く低収の田んぼでも、みごとに五石（７５０kg／10ａ）取りを達成し、国を挙げての米増産の動きを支えた。

この新たな増収技術の展開のなかで、農家はイネの見方・生育診断の方法と、条件に合わせて栽培を仕組んでいく技術を身につけ、それは、その後の田植機稲作を支える力になった。

もう一つの背景は、イネの葉・茎・根などの形態・構造と働き、光合成のしくみと栄養生理、水田土壌の特質など、増収にむけたイネ研究の大きな進展である。農文協ではこの時期、『イネの生理と栽培』（岡島秀夫著）、『イネの科学』（津野幸人著）などの研究者による本を発行した。

以上の二つの背景、つまり農家の経験・蓄積と研究の成果をもとに、「そのなかから、イナ作栽培の基礎知識として必要なものを抜きだし、実際技術と基礎科学との総合化を試みたのが本書」である（「まえがき」より）。こうして、耕うん・代かきから栽培管理まで、イネ研究の成果を活用しながら、農家が工夫してきた技術・作業の意味と大事なところを提案し、さらには粘土質・砂地などの土質や地力、寒地・暖地などの気候条件、品種の早晩性など、条件のちがいをどうみてどう対応するかまで、応用がきく実践的な基礎本が誕生した。基礎とともに、「代かきはていねいにやってはいけない」「元肥少肥が原則」「密植には限界がある」「生育初期は小柄に育てる」「中干しに注意」など、今に通じる提案も随所にある。

「まえがき」では、「イナ作技術も発展するでしょうが、イネのとらえ方、増収の原理に変わりはありません。農家自らが創造した四十年代の技術は、これからの土台になるものと考えます」と述べている。先輩たちが築いてきた土台を受け継ぎ、これからのイネつくりを楽しく取り組むために、この『イネつくりの基礎』を役だてていただければと思う。

本書と同時に、V字稲作の原典、松島省三著『稲作診断と増収技術』を復刊した。先に復刊した井原豊さんの「への字稲作」3部作も含め、実用技術書の古典ならではのヒントとおもしろさを味わっていただければ幸いである。

2020年2月　一般社団法人　農山漁村文化協会

まえがき

これからのイナ作技術を考えるうえで、昭和四十年代の経験は、過去数十年の体験にも増して貴重なものがありました。四十年前半での全農家あげての増収への取組みは、四石の壁をみごとに破り、五石、六石への道を切り開いたのです。この成果は、収量を高めたこともりっぱではありましたが、それよりも大切なことは、元肥重点から、登熟を中心にすえた追肥重点のイネつくりへと変えるなかで、イネの本性を科学的にとらえ、これを栽培技術にとり入れた点です。

これは、長い間、経験技術が軽視され、科学的といわれる官制の技術に支配されてきたなかで、農家自らの経験を正しく発展させることこそが真の科学だということを、みごとに証明した体験でもあります。

農文協が四十年代前半に発刊したイナ作の本は十余種を数え、多くの読者の支援と批判をいただいたが、その中で大きな収穫がありました。それは、農家の経験によって積み上げられた技術と基礎科学とのむすびつきであり、実践にとってなにが有用で、なにが役立たないかが明らかになったことです。その貴重な経験をもとにつくられたのが、この本です。

多くのイナ作の本のなかには、実際家のもの、研究者によるものなど、あらゆる角度から取り上げていますが、そのなかから、イナ作栽培の基礎知識として必要なものを抜きだし、実践技術と基礎科学との総合化を試みたのが本書です。今後、さらにイナ作技術も発展するでしょうが、どのように多様に変わろうとも、イネのとらえ方、増収の原理には変わりありません。農家自らが創造した四十年代の技術は、これからのイナ作の土台になるものと考えます。

本書は、次の書籍をもとにしてつくられたものです。

『誰でもできる五石どり』『続・誰でもできる五石どり』片倉権次郎著、『イネの生理と栽培』岡島秀夫著、『イネの科学』津野幸人著、『イネの苗つくり』中山治彦編、『田植機イナ作の増収技術』小西豊著。

以上の著作者には、今回の試みに心よくご賛同いただき、意義深い作品ができましたことを感謝いたします。

昭和四十八年十月

農山漁村文化協会編集部

目次

Ⅷ　生育中期

Ⅸ　生育後期

I　イネの生育と収量

一、イネの特性

1、イネのもつ基本的な性格

イネの特性を一言でいえば水田に育つということである。あたり前の話であるが、それがなにを意味しているかを深くほりさげて考えないと、イネの能力もわからなくなってしまう。水が生き物にとって、絶対に必要なことは、下等な生物から高等な生物にいたるまでまちがいのない真理であろう。そういう意味では、水がたくさんある水田に育つイネは得な生活場所をもっている。しかも、陸上とちがって水の中は昼夜の温度差が少なく、また、季節による環境のちがいも少ないので、ゆうゆうと生きていられる。しかし、こののんびりした環境が、逆に、生き物を堕落させる原因になり積極的な生き方をしないばあいが多い。

生きる環境がきびしければ、それだけ生き物は、その環境とたたかって生きるしくみが発達してくる。そして、たたかいにうち勝ち発達したものだけが、さかえることができる。水の中は、生きることに最も大事な水にことかかない。その点はたしかに有利である。ところが、水中の生活は酸素呼吸に必要な酸素が少ない。この酸素が、水の中にたくさんあれば鬼に金棒だが、そうはゆかない。水には水温二〇度のときでわずかに三・一パーセントの酸素しかふくまれていない。しかも、水田ではこのわずかな酸素も、イネよりさきに土の中の微生物にとられて、水が張られた水田の土には、酸素はほとんど含まれていない状態になる。

陸上の環境はどうだろうか。陸上は、日でりもあり、四季の温度変化や台風などもあり、生きる環境としてはたいへんにきびしい。だが、酸素はふんだんにあって、しかも植物にとって重要な太陽の光がさんさんと輝いている。環境がきびしいといっても、水さえあれば、光と酸素の豊かな陸上は、植物にとって、本当は絶好な生活場所である。

陸で生活するには少ない水を利用して、それをむだ使いしない能力をもっていることが必要で、そういう植物だけが、陸上の酸素と光の恵みを受ける資格があるわけである。

イネの生活環境はどうだろうか。根は水田の水の中、葉や茎は陸の上にあって、生きるために必要なものを陸上と水中の双方にもとめている。考えようによっては恵まれた生活環境だといえる。しかし、この恵まれた環境が、イネを陸上植物でもない水中植物でもないという、どちらにも徹しきれない中ぶらりんな性格にしている。つまり、酸素、光、水と三拍子そろった環境にイネがあまえてしまって、そのよさを積極的に利用する体制が不完全になっているようだ。

水をたくさん張った水田に田植えをしても、下手に苗づくりをしたイネは、ありあまる水田の水が利用できず、葉が巻いてしまう。これなどは中ぶらりんな生活態度のあらわれであろう。からだの半分を水の中というなまぬるい環境においている。そのことが、イネの性質にどうひびいているか、このことをどう理解するかが、イネを思いどおりに育ててゆく大きなポイントになる。

水の管理がイネつくりの上で重要だというのも、こうしたイネのもつ二重人格の性格をどのように調整するかにかかっているわけで、そういう意味で水とイネとの関係をあらためて考える必要があろう。

2、水田で育つことの長所欠陥

水田は畑とちがってたくさんの利点をもっている。では水田の利点はなにか？　ここでは、水によって雑草が防げるとか、田が平らになるとか、保温の効果があることなどにはふれない。イネの栄養とその生理に関して述べることにする。

まず、第一にあげることは、水田ではイネに吸われやすい養分がたくさんあること。つまり水田では空気が少なく還元になり、リンサンとか鉄ばかりでなくマンガンそのほかの養分が吸われやすい形になって根のまわりにたくさんあつまってくる。根の養分の吸収にとっては好都合である。

水田の第二の利点は、水田の水が養分をいつも根のまわりに運ぶことである。畑では根が伸びて肥料をさがしもとめるのがふつうであるが、水田はその必要がない。

最後に水田のもう一つの利点として水そのものがある。米をとるためには、あたえられた光を充分利用しなければならない。そのためにはからだが大きくなることが必要だ。充分なからだをつくるには、水が絶対に必要である。その意味で水の豊かな環境では、イネの生育が非常に早い。これが第三の利点である。しかし、この利点の調節が非常にむずかしく、下手に水でからだを伸ばしすぎると、かえって収量は上がらない。水がからだの大きさをきめる大事な条件であることはたびたび述べたが、そのかげには、からだが伸びすぎて収量が伸びないという大きな矛盾がある。まったく〝水を制するものはイネを制する〟といってよかろう。

水管理との関係で、もう一つ大きな問題は有害物の問題である。

イネには秋落ちという現象がある。これは水を張った水田が夏の高温で還元になり、硫化水素や有害な有機酸が発生して根をいためるのが一つの原因である。ゴマハガレ病、アカガレ病そのほかの病気もそれにともなってでてくる。つまり水田は還元になり、それでリンサンや鉄などが有効化して養分が豊かになるのだが、そのことはまた有害物をつくる原因であることが水田のもつもう一つの矛盾である。

有害物はどう有害かというと、根の養水分吸収を阻害し、水田にあるたくさんの水や養分を吸えなくすることだ。水田に有害物がたくさんできてくると、酸素呼吸がおかされるので呼吸ができなくなる。これが根ぐされの一つの原因だ。

酸素呼吸ができなくなれば、根は全体の活力がおとろえ、養分や水分の吸収はもちろん、はたらきようがなくなる。そこで、この有害物をとりのぞくために、実際には排水が問題になる。しかし、有害物をとりのぞけば、水田がもっているたくさんの養分も逃げてしまい、水田の利点はいかされないことになる。

要するに、水田の利点と欠点は裏腹なことが多いが、そのよい点を積極的にひきだして、利用するのが技術というものである。

二、イネの生長と発育

1、イネの一生

イネの一生は、大きく二つの時期に分けることができる。イネが発芽しておもにからだ（栄養体）をつくる栄養生長期と、幼穂が分化・発達し、開花・受精・結実が行なわれる生殖生長期である。イネの一生の中で最も高い生長率を示すのは、生殖生長期の前半にあたる幼穂分化期から出穂期までの一カ月ほどの時期である。

イネはこの間、発芽期、移植期、幼穂分化期、減数分裂期、出穂期、成熟期をへてその一生を終わ

第1図　イネの一生と発育段階（暖地での例）

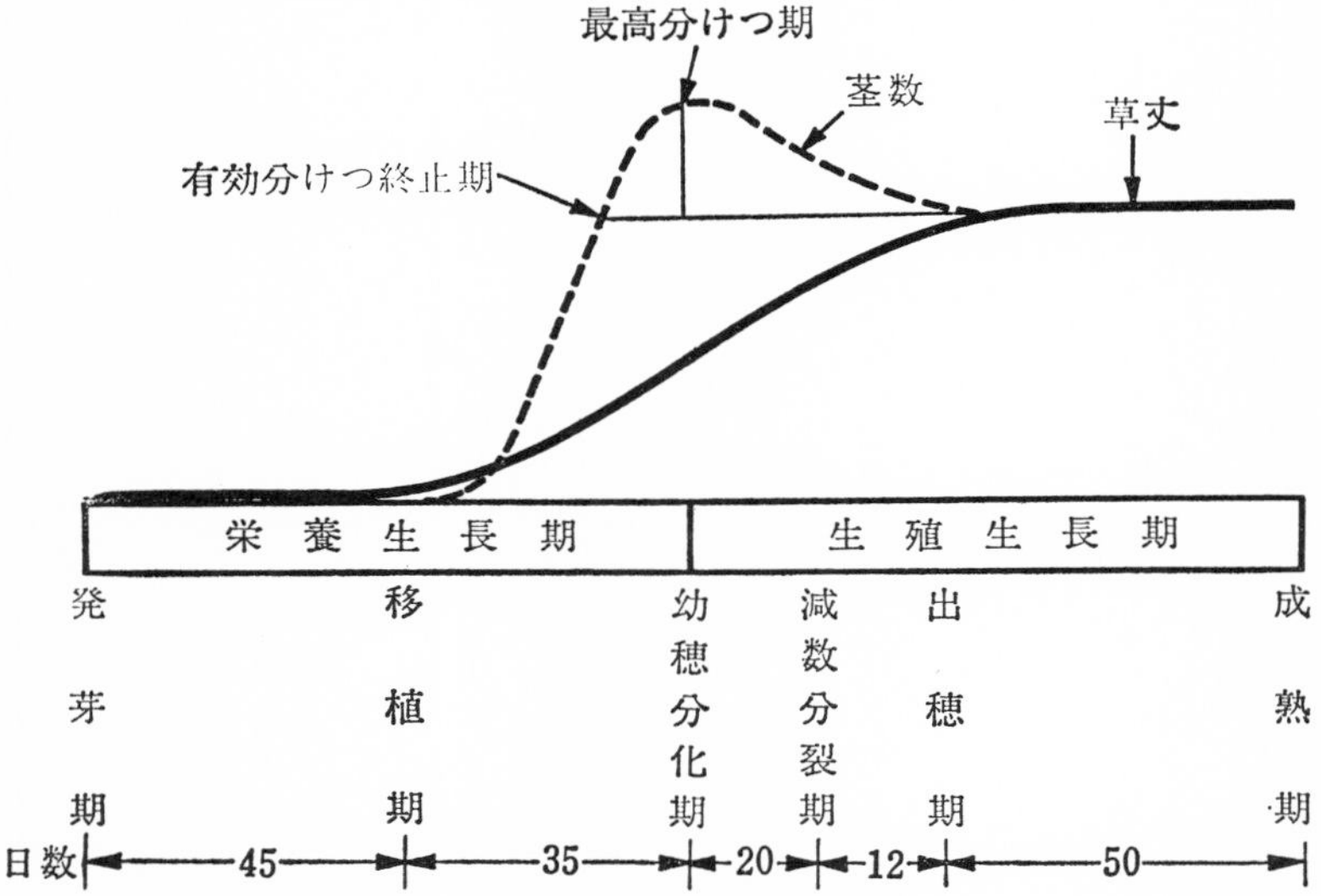

るが、発育段階別にそれぞれ異なった生理を営んでいる。

2、発芽の経過

(1) 発芽の順序

種モミに水分・温度・酸素の一定の条件が与えられると、いままで眠っていた胚が活動を開始し、発芽が行なわれる。

種モミの発芽過程は三つの時期に分けられる。はじめは「吸収期」で、種モミが水分を吸収する期間である。つぎに「発芽準備期」で、種モミ中の酵素の活動が高まり、胚乳の養分が吸収層をとおって胚芽におくられる時期である。つぎは「生長期」で発芽準備期ではモミの内部での変化の段階だったものが、「生長期」では、いままでくぼんでいた胚の部分が中高に膨張してモミガラを押し、

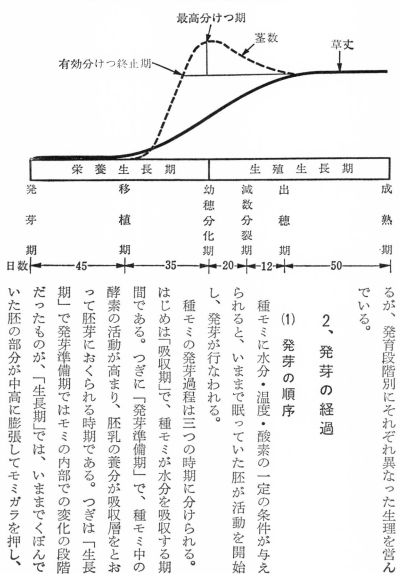

幼芽・幼根のあらわれる時期である。

発芽するためには、まず、水分の吸収からはじまり、水分が一三パーセント以上になると呼吸はさかんになり細胞の分裂や伸長がはじまる。種子が吸水すると、酵素やホルモンが活動し、胚乳の中のデンプンやタンパク質などが分解され、新しい細胞をつくる養分となったり、呼吸作用のためのエネルギーとなる。

種モミは、二つのモミガラにつつまれているが、発芽するところはきまっている。はじめ、幼根・幼芽が伸びて外にあらわれる。最初に一本の根が伸びるが、これを種子根といい、つづいてそのわきのほうから三～五本の根が発生するが、これを冠根という。地上部では、鞘葉という葉緑素のできない白い管状の葉が伸び、つづいて葉身のない第一葉（不完全葉）が伸びてくる。さらにつづいて完全な形をした第二葉が生長する。

第2図　イネの胚芽の断面

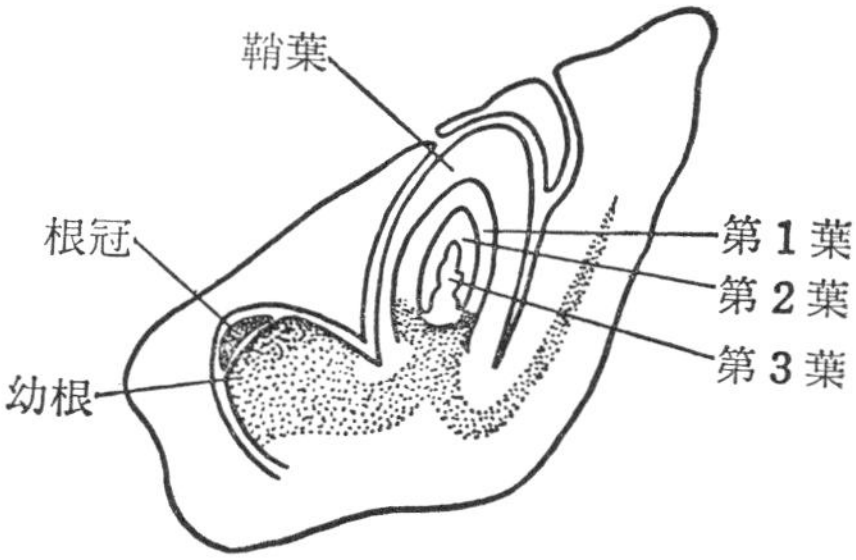

第3図　発芽した胚芽（永井）

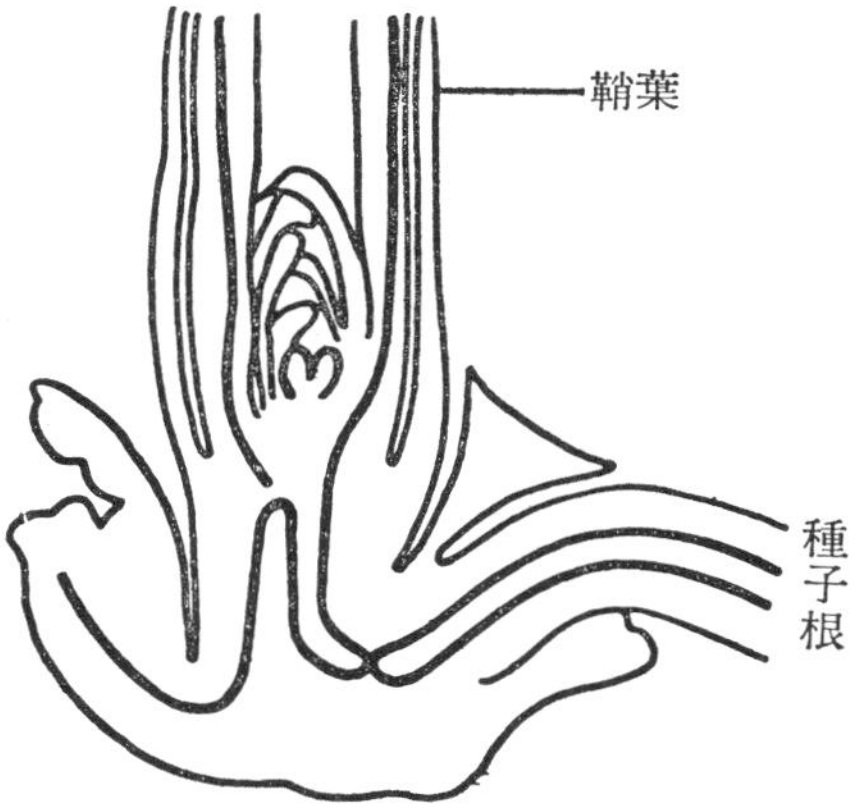

各種の分解酵素によって水に

とける形にかわった胚乳の養分は、発芽がすすむにつれて消費され、第三葉が展開したころにはほぼ消費しつくされる。この時期を離乳期という。一方、第二葉が発生するころから光合成が行なわれるようになり、根からの養分吸収もできるようになっているが、胚乳の養分にたよらずに一本立ちできるようになるのは、第三葉が完全にでそろったころからである。

(2) 発芽の条件

イネの発芽のためには、光は必ずしも必要でなく、水分・温度・酸素の三つの条件がそろっていれば発芽する。この三条件の一つでもみたされないと発芽しない。

発芽に必要な水分は、ほとんど飽和吸水量に近い二〇〜二五パーセントである。これだけの水分を吸収するのに必要な日数は、温度が低いほど長くかかるが、およその日数は、水温一〇度のときで一〇〜一二日、一五度のときで六〜八日、二〇度では四〜五日くらいである。

発芽のときに幼根が先にでるか、幼芽が先にでるかは、苗床の条件によってちがってくる。水分が多いときには幼芽が先にでるが、水分の少ないときには幼根のほうが先に伸びる。しかし、幼芽・幼根の発生がどのようになるかの真の原因は水分ではなくて、それにともなう酸素の多少である。水中で発芽させたときのようすをみるとよくわかるが、このような条件では、芽は伸びるが発根はしない。苗代の水が深すぎたときや代かきをやりすぎて土中の酸素が不足するようなときにころび苗になるのは、発根がわるいためである。

第4図　離乳期をすぎ独立した幼苗

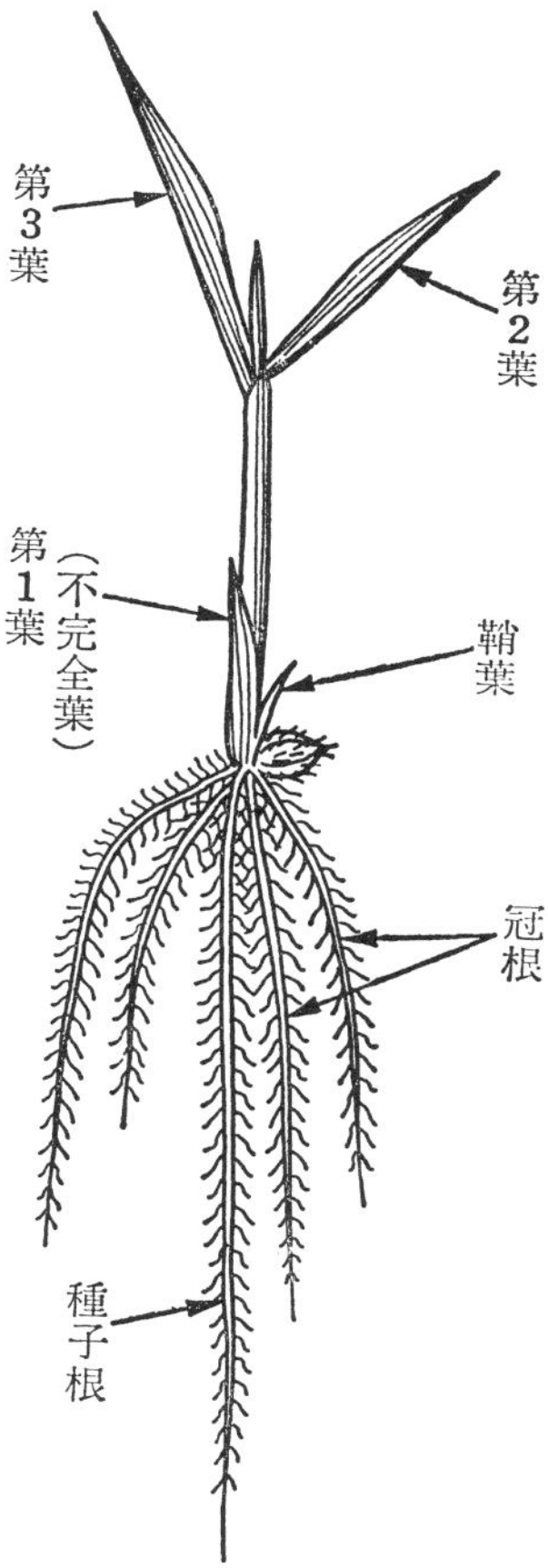

イネの原産地は熱帯地方のためもあって、最適温度は比較的高く、三〇～三四度となっている。最低限界は一〇～一三度、最高限界は四〇～四四度である。適温が三〇度ていどといっても、種まきのころに気温が三〇度になることはまずない。したがって、問題になるのは最低温度ということになる。この最低温度は品種によっても差があり、とくに寒地では、この点での品種選択が考慮されている。

3、地上部と地下部の生長

(1) 葉の生長経過

イネの葉は葉身と葉鞘とに分けられ、これに葉耳・葉舌がついている。葉鞘は茎をつつみ、葉舌は葉鞘と茎の間に水がはいるのを防いでいる。葉の表面には毛茸と呼ばれる毛が密生している。

イネの種モミの中にはすでに四枚の葉が分化していて、発芽とともに一方で生長し、一方では分化

第5図　葉と葉鞘

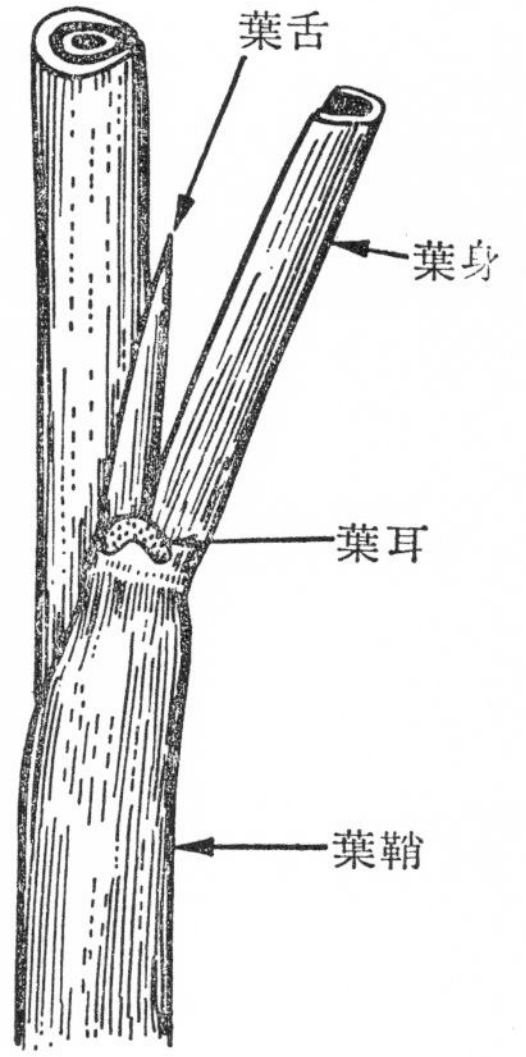

しながら葉数がふえていくのである。

葉の分化は、ある葉位の葉があらわれたとき、それより若い葉がつねに四枚、生長点の周囲に分化している。第三葉の展開が終わる離乳期には、すでに第四～第六葉が分化し、第七葉の葉のもとが生長点に分化している。また、移植期である六葉期にはすでに第一〇葉のもとがつくられている。

その生育速度は気温に大きく影響され、栄養生長期には、一枚の葉の生長が終わるのに二〇度の気温では五日、三三度では三日というように、平均気温の積算値がおよそ一〇〇度になると、一五枚の葉がでるようになる。

第6図は本田での葉の生育経過を示したものであるが、下位葉から上位葉に順序正しく生長していくことがよくわかる。一枚一枚の葉はS字型の生長カーブを示しながら伸長し、新葉は一葉位だけ下の葉鞘につつまれていっしょに伸び、途中から葉鞘を抜けだして伸長する。

葉位別の出葉間隔は第7図のようになる。第一葉から第七葉までは出葉間隔が少しずつ延びるが、苗代期が終わる第七葉を第一の頂点としてそれより上位になるにつれて出葉間隔が短縮し、第一〇～一一葉くらいが最も短くなる。そして、それより上位のものは再び長くなる。

第6図　葉位別の生育経過

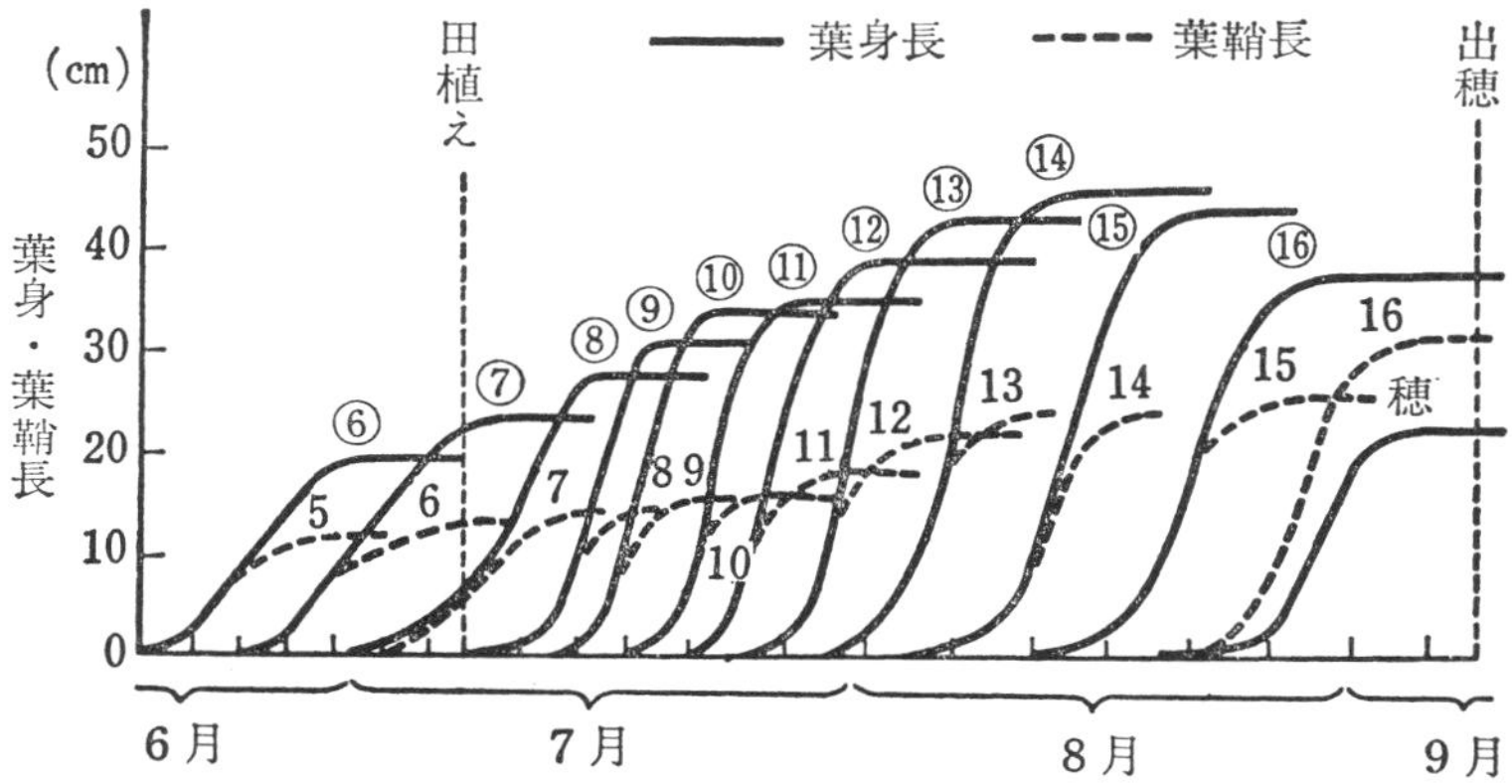

第7図　葉位別の出葉間隔

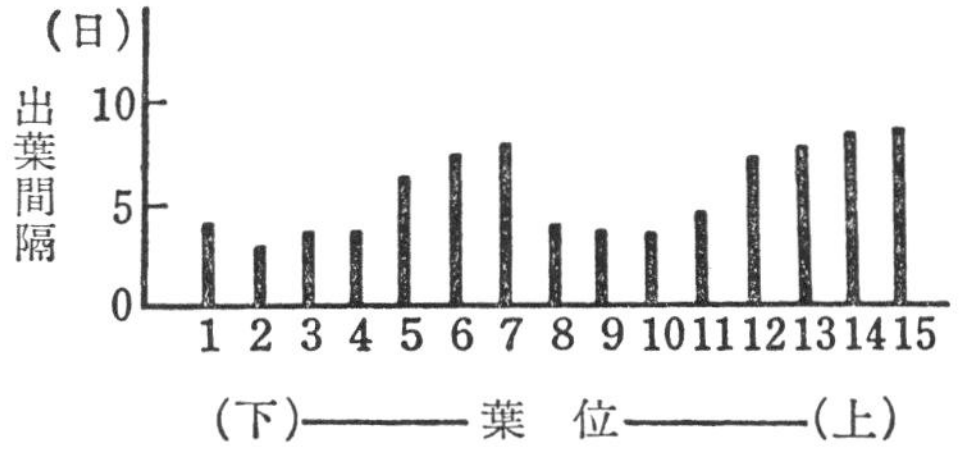

第一〇〜一一葉ころは出葉転換期と呼ばれて出穂前約三五日に相当し、生長点に止葉が分化する時期である。この時期以前に生育する葉は、出葉間隔がおよそ四〜五日で、生きている期間はおよそ三〇日である。出葉転換期以後には四枚の葉があらわれてくる。これらの葉は出葉間隔が延びて八〜一〇日となり、生存日数も六〇日以上におよぶ。

(2) 分けつの仕組み

イネの茎は根ぎわに多くの節をもっていて、この節から分けつする。本葉五〜六枚のころから分けつをはじめ、一つの節からは一本の分けつをだす。主稈が伸びきったときには十数節となるが、上部の四〜五節は地上部にでているので、これらの節からは分けつはでない。したがって、地中にある約一〇節からはそれぞれ分けつすることに

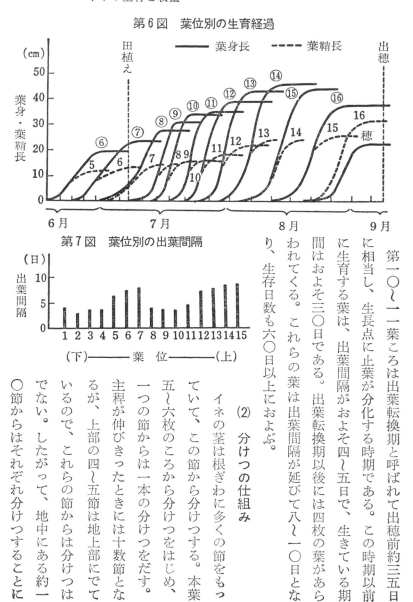

第8図　分けつした茎

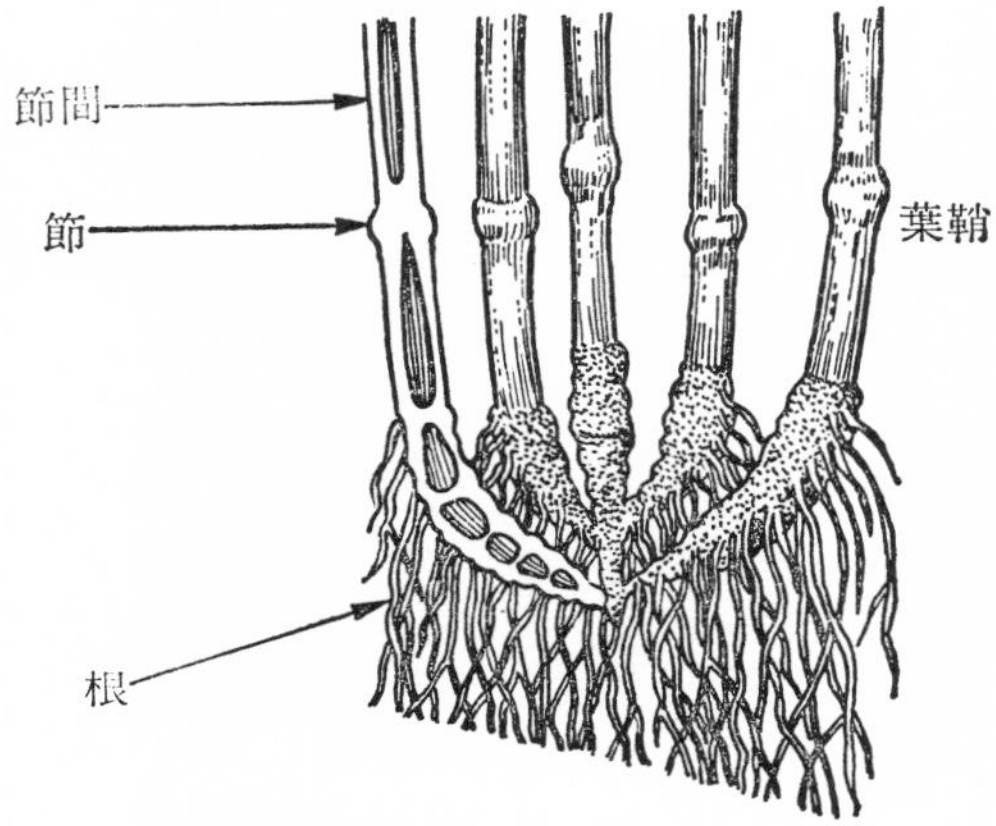

第9図　分けつの仕組み

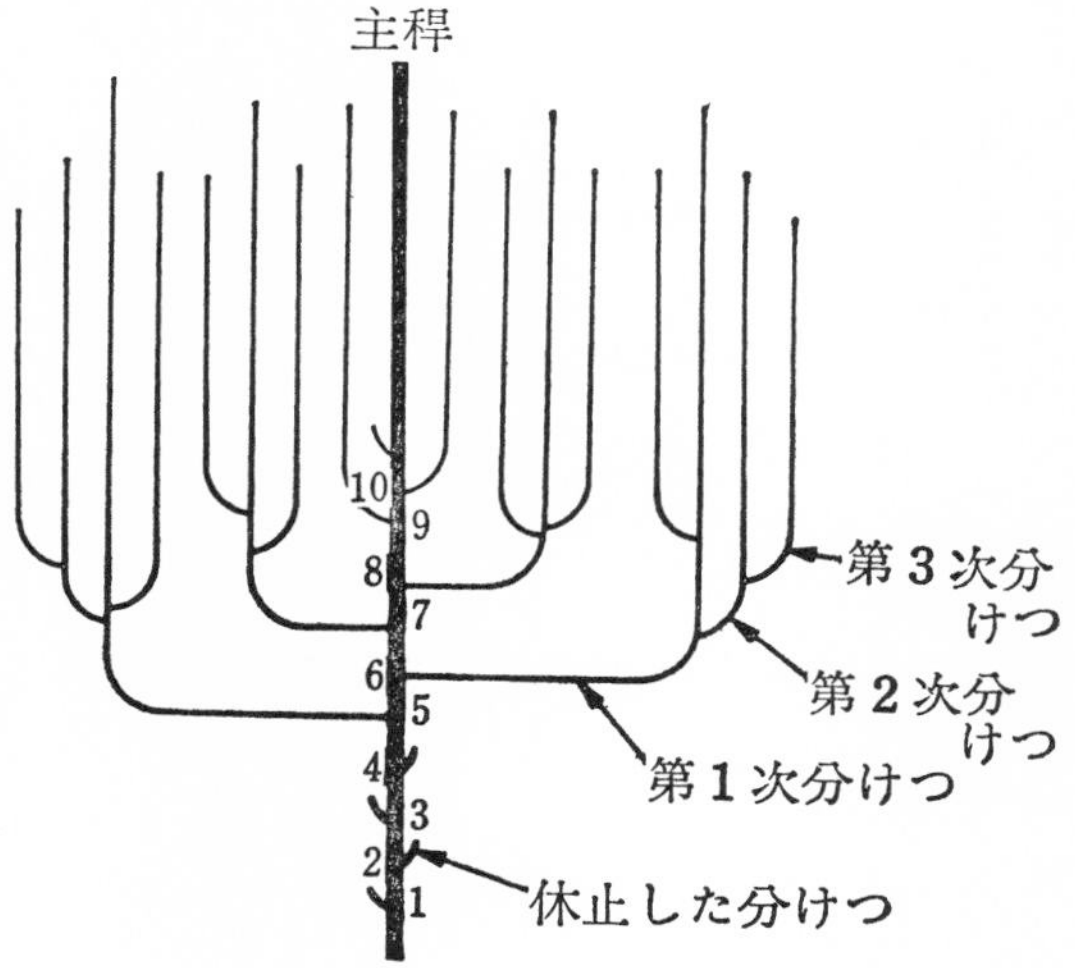

なる。

分けつは主稈からでるだけでなく、主稈から分けつした子分けつから孫分けつがでるといったぐあいに枝分かれの形でふえていく。

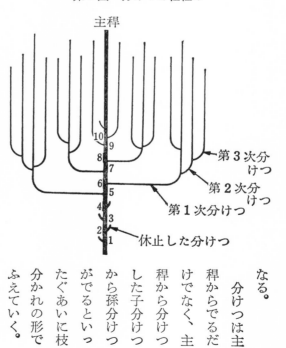

主稈から直接でた分けつを第一次分けつ、第一次分けつからでた分けつを第二次分けつ、第二次分けつからでた分けつを第三次分けつという。

分けつは以上のような順序で発生するので、計算上ではずい分多くの分けつがでることになるが、実際にはそれほど多くならない。それは、移植時の植えいたみや、株の中の環境不良などが原因となって、途中で発生を休止したり、育たないで枯死する。また、最高分けつ期をすぎると、分けつ同士

第1表 同伸葉同伸分けつ一覧表

主稈葉位	8/0	9/0	10/0	11/0	12/0	13/0	14/0	15/0
第一次分けつ	1/5	2/5 1/6	3/5 2/6 1/7	4/5 3/6 2/7 1/8	5/5 4/6 3/7 2/8 1/9	6/5 5/6 4/7 3/8 2/9 1/10	7/5 6/6 5/7 4/8 3/9 2/10	8/5 7/6 6/7 5/8 4/9 3/10
第二次分けつ				1/51	2/51 1/52 1/61	3/51 2/52 1/53 2/61 1/62 1/71	4/51 3/52 2/53 3/61 2/62 2/71 1/72 1/81	5/51 4/52 3/53 4/61 3/62 3/71 2/72 2/81

この表は第8葉節から分けつをはじめたばあいの例。分子の数字は葉位を示す。分母の数字は分けつ号数をあらわすが，52のように2桁のばあいは，5号分けつの第2節からでた分けつを示す。

の養分や光のうばいあいに負けて枯死するものが多く、ほとんどの分けつは穂にならない。このような理由から、実際上は一平方メートル当たりにすると三〇〇〜六〇〇本といったていどの穂数となるのがふつうである。

一本の主稈から発生する茎は、栽植密度、栄養分の関係、温度条件によって変化する。一般に一〜二次分けつを主体にし、三次分けつは穂にならないものが多いが、このような分けつを無効分けつといっている。

主稈から発生する分けつの出方は、葉のでる順序と関連をもち、整然とした秩序をもっている。これを同伸葉理論といっている。

この法則は、ある節からでる第一次分けつの最初の葉は、その節から三つ上の節からでる主稈葉と同時にでるということである。この関係は、第一次分けつから第三次分けつまでだいたいあてはまる。

(3) 根の分化と生長

イネの根は、生長点のあるところの土壌条件によってその姿や形が大きく左右される。酸素が充分にある土壌では根は長く伸びて太く、分岐根や根毛の発達がよいが、還元土壌では根は短く根毛の発生が少ない。地温が二五度のときに生長点の細胞分裂がもっともさかんで、一三度以下または三五度以上になると分裂しなくなる。

根の出方にも規則がある。葉の出方と同じように下位節から上位節へ一定周期でつぎつぎに発生してくる。しかもその周期は出葉周期と同じで、ある節の根はその節より三節上の葉と同時に伸びる。

このように、イネの根は分けつの増加にともなってふえ、最高分けつ期がすぎ節間伸長期に至って最高に達する。節間伸長期以後は節が水中から空気中に露出するので、発根が止まる。

根の生育を生理のほうからみると、根の数の多少は体内チッソの量によって大きく支配される。また、根の伸長は体内のデンプン含量によって支配される。したがって、根の数をふやすにはチッソ量をふやせばよい。葉や分けつが増加するとともに、根の数をふやすことができる。根の数のふえ方は、体内のチッソ含量とよく一致している。

4、穂の分化と結実

(1) 穂の分化

最高分けつ期ころになると、茎の先端の生長点では最後の葉である止葉が形成される。このころ生長点では、穂首になる部分のもとがつくられる。これが幼穂の分化であって、イネはこれから生殖生長にはいる。

イネの穂は大別すると、穂首節、第一次枝梗、第二次枝梗、えい花の四つの部分からなっている。

第10図　穂の構造

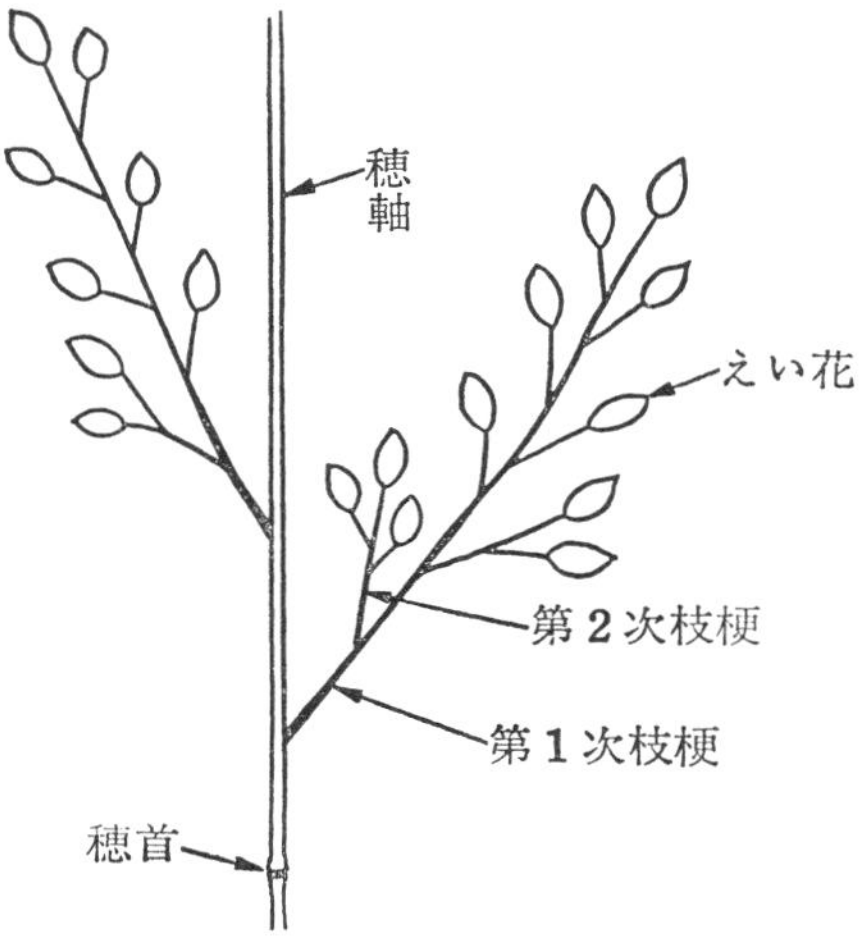

幼穂の生まれてくる順序は、第一に穂首の節が生まれるが、これはほぼ出穂三二日前である。つぎに第一次枝梗が穂首節から生まれるが、この時期を第一次枝梗分化期といい、出穂二九日前ころにあたる。つぎの第二次枝梗の分化期は二日後の出穂二七日前ころである。二次枝梗の分化が終わるとえい花が分化しはじめるが、これは出穂二五日前で、一般に幼穂形成期といわれている時期にあたる。

えい花分化後一週間ほどして幼穂が一・五センチくら

いになるころ、花粉母細胞と胚のう母細胞が形成され、減数分裂が行なわれるのは出穂一二日前ころである。

分化・発達中の幼穂は、環境の悪条件にきわめて弱く、とくにえい花分化期と減数分裂期に影響を受けやすい。これらの時期に一七度以下の低温がつづいたり干ばつにあうと、奇形や不完全なえい花となる。

また、えい花分化期にチッソ不足になったりすると、えい花の分化に影響し一穂当たりのえい花数は少なくなる。減数分裂期に炭水化物の供給が不足すると、いったん分化したえい花が退化して、えい花数が減少する。

(2) 開花と受精

開花の適温は三〇度、最低温度は一五度、最高温度は五〇度である。開花の時刻は、晴天のときは一〇〜一二時ころがもっとも多く、開花後一・五〜二時間には閉じる。曇雨天の日は開花がおくれる。

開花期に一七度以下の低温にあうと、花粉管の伸長が停止し、花粉は受精能力を失うために不稔モミが多くなる。

開花後七〜一〇日後には胚の形は完成し、その後はデンプンの蓄積がさかんに行なわれる。米粒ははじめは幅をまし、つぎに厚さがふえ、二八日ころには玄米の乾物重は最大になる。その後、充実は四〇日目ころまでつづけられる。

三、収量のなりたち

1、各生育期の役割

イネの生産の原動力は、太陽エネルギーを利用して光合成量をふやすことで、それには、葉の光合成量を高く維持させることが大切である。このような見方で収量を高めるための仕組みをみるとつぎのようになり、図に示すと第11図のような経過をたどる。

第Ⅰ期は、葉面積を拡大する時期。葉面積では、いかに早く最適葉面積に到達させるかが問題となる。苗の素質、元肥の量や施肥法、栽植密度、品種の選定、代かきの方法や水のかけひきなどによって初期生育を促進させ、一日も早く最適葉面積を確保するようにしなければならない。

第Ⅱ期は、得られた葉面積と光合成能力とを一定に保つことで、過繁茂を防ぐための肥効の調節などがある。最高分けつ期から出穂一週間までの肥効の調節がイネつくりで最もむずかしい。この時期に葉面積をあまりふやすと過繁茂になり、登熟期のデンプンの生産は低下するが、この時期は収穫物の入れものであるモミ数が決まる。

収量を高めるには、総モミ数をできるだけ多くして登熟期のデンプン生産にそなえなければならな

第11図　収量を高める仕組み

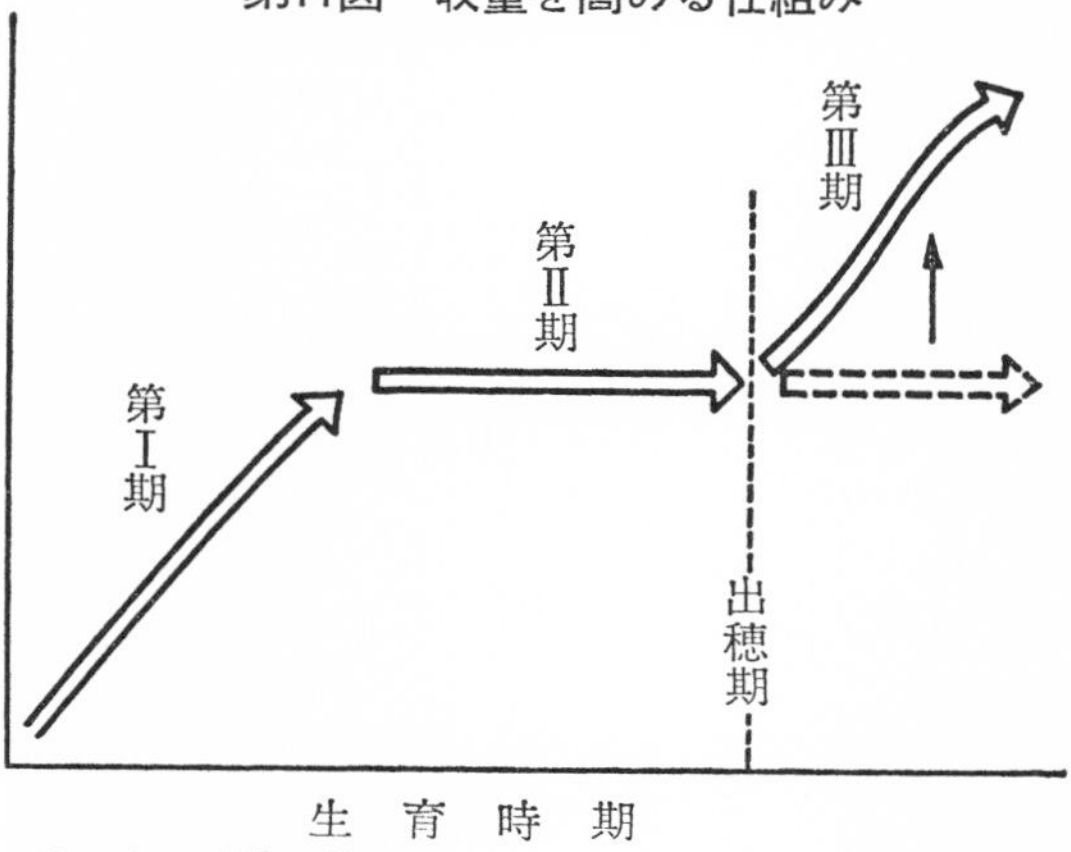

いが、総モミ数をふやすにはチッソの施肥を欠くことができない。この時期のチッソはモミ数の増加に役だつばかりでなく、葉面積の拡大にも役だつ。とくに、気温の高い暖地では、チッソがモミ数の増加より葉面積の増加に強い影響を与えるので、注意しなければならない。

第Ⅲ期は、光合成によって得られたデンプンをいかに多く穂に転流させるかということになる。いかに生産力が高くても、それが穂に集積しなければ意味がない。転流する率に関係する要素は、第一には、デンプンをうけ入れる総モミ数の大小であり、第二は、その入れものに送りこまれる光合成産物の量である。

生殖生長期の前半のころは、幼穂は活発に発育しているが、そのために使われる養分はそれほど多くはない。生産される炭水化物のほうが多いので、残りの分は葉鞘部にたくわえられるが、その蓄積量は出穂期に最高となる。

生殖生長の後半にはいり、出穂・登熟期になると、出穂前にたくわえられていた貯蔵デンプンは穂に転流し、出穂二〇日後ころになると体内の貯蔵デンプンは最低になる。一方では、光合成がさかん

第12図　収量のなりたちと物質の動き

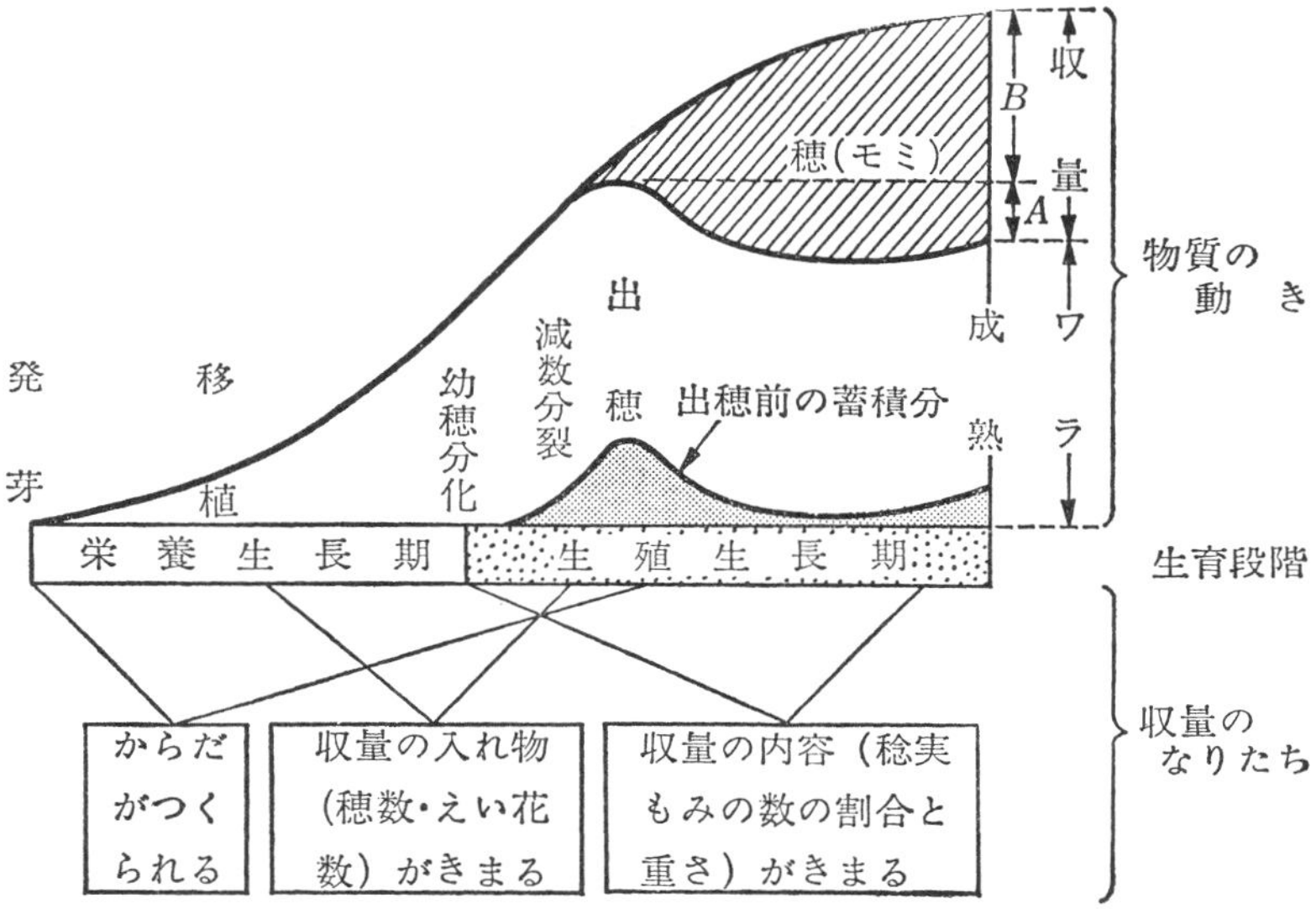

に行なわれて、新たにつくられたデンプンが穂に送りこまれ、みのっていく。このように出穂前の貯蔵養分が穂に転流する割合は二〇〜四〇パーセントていどである。

2、収量のきまり方

イネの収量は、玄米の量を目標にしている。この玄米の収量はどのようにしてなりたっているかを知ることは、栽培技術を考えるうえで大切なことである。

イネの収量は、穂数、一穂粒数、登熟歩合、粒重の四つの要素から構成されている。つまり、単位面積当たりの穂数、その穂についている平均一穂モミ数、ついたモミのうち何割が精玄米になっているかを示す登熟歩合と、稔った玄米の重さ(千粒重で示す)の掛け合わせによって収量はきまる。

したがって、栽培上は、これらの要素が生育中のどの時期にどのような条件によって変化するのかをおさえておく必要がある。

(1) 穂数のきまり方

穂数の多少は、なんといっても分けつが多いか少ないかが大きく影響する。早くは発芽期から関係してくるが、大きく関係のある時期は、田植え後二〇〜三〇日間の分けつ最盛期のころである。分けつは田植え後どんどんふえて最高分けつ期をすぎると、弱い分けつは枯死して茎数はへっていく。そして残った茎が穂になる。したがって、穂数がきまる時期は、最高分けつ期までであって、その後の環境の変化は穂数にはほとんど関係しないとみることができる。

生理的にみると、最高分けつ期を一〇日もすぎると、同じ株の中で葉数を正常にふやしていく増加群と、葉をだす速度がにぶる停滞群との二つの群に分かれ、増加群の分けつは有効分けつとなり、停滞群は無効分けつになる。

(2) モミ数のきまり方

モミ数がきまるのには二つの要素がある。一つは一穂モミ数がどのくらい分化したかであり、もう一つは、分化したモミ数が退化する、つまりへっていくことである。

一穂のモミのつき方をみると、多くの枝梗によって枝分かれしていることがわかる。モミ数を多くするには、この枝梗の数が多く、それにつくモミ数が多くなければならないわけで、それにはまず枝梗の分化が問題になる。したがって、穂首分化期（出穂三二日前）から影響を受けはじめ、減数分裂期の終わりころまでにモミ数はきまる。この間約二七日間あるが、前半では枝梗の分化を中心にモミ数が増加していく時期であり、後半は、減数分裂期(出穂一二日前ころ)を中心にモミ数が退化する、つまり減少する時期で、その差引きの結果が一穂のモミ数ということになる。

第13図　退化したあとがみえる穂

一般に幼穂形成期といわれている出穂二五日前は、えい花分化期であって、このころには、第一次枝梗も第二次枝梗も分化が終わっている。したがって、モミ数の増加にもっとも影響の大きいのは、それ以前ということになる。その後モミが退化する原因は次のような理由である。この時期は、急激に幼穂が生長するので、栄養状態など環境条件の変化がもっとも敏感に影響するからである。

(3)　登熟歩合のきまり方

一穂のモミ数がきまっても、そのモミが不稔になっては収量はあがらない。つまり、ついたモミの何割が精玄米になるかの問題である。この登熟しない原因を調べてみると、不受精モミと発育停止モミに大別することができる。不受精モミは、幼穂が分化してから開花期にかけて受精機能の障害によって発生したもので、完全なシイナとなっているものである。

発育停止モミのほうは、受精はしても胚乳が肥大せずに発育が停止してしまったものである。これは、イネのからだ全体の充実度にくらべてモミ数が多くついたばあいなどに多く、出穂前のデンプンの蓄積量が少なかったり、出穂後の光合成能力が低いときに多くみられる。

登熟歩合に影響する期間は、幼穂形成期ころから出穂三〇日後までの間であるが、その中でも最も影響を受けやすいのは、減数分裂期から出穂一五日後までである。

(4) 千粒重のきまり方

千粒重がきまるには、モミガラの大きさとその中に入る胚乳の量とによってきまる。モミの大きさは、意外に早くきまるもので、開花前にすでにきまっている。

モミガラが大きくても、内部の玄米の肥大が充分でなければ千粒重は少ない。

3、収量構成要素と収量

イネの収量構成要素は、四要素に分けられ、収量はそれらを掛け合わせたものとして示される。

①穂数は、一株穂数に栽植密度を掛けて単位面積当たりであらわす。

②一穂粒数は、多くの穂について粒数をかぞえて、その平均をだす。

③登熟歩合は、比重一・〇六の食塩水をつくり、その中にモミをつけて、浮かんだモミと沈んだモミとに分け、全部のモミ数に対する沈んだモミ数の比率（パーセント）であらわす。

④一粒重は、沈んだモミを玄米にして求める。一般には、玄米一〇〇〇粒を単位とした重さを測定する。一〇〇〇粒を単位とするので玄米千粒重と呼ばれている。

第14図　収量構成要素と収量の関係

収量（上玄米重）＝ ①穂数（単位面積当たり）× ②平均1穂粒数 × ③登熟歩合（%）× ④平均1粒重

さて、①穂数×②一穂粒数によって面積当たりの総モミ数が求められ、それに③登熟歩合を掛けると、一定面積当たりの登熟モミ数がわかる。それに④平均一粒重を掛けると、収量（重さ）が求められるのである。

イネのばあい、穂数と一穂粒数との間には、一方がふえると他方がへる関係がある。品種は同じでも、穂数を多くたてると穂は小さくなることはよく経験することである。

さらに、①×②で総モミ数を算出しても、総モミ数と登熟歩合との間にはモミ数が増加すると、登熟歩合は低下する関係がある。

①×②×③によって登熟モミ数がきまるのだが、これは光合成によって生産されたデンプンの受けとり先の大きさであって、受けとり先がたくさんあれば、当然一粒当たりのデンプンの分配量は少なくなり、平均一粒重は低下する。このように、登熟モミ数と一粒重との間にも、一方が多くな

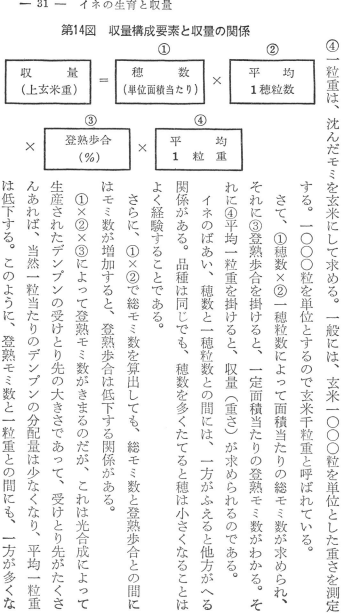

れば一方が少なくなるという関係がある。

以上でわかるとおり、収量構成要素の一つ一つは、ばらばらに独立したものではなく、あるものを大きくすれば、それが他の要素が大きくなることをじゃまする性質をもっている。したがって、このような性質をもっている要素をいくら掛け合わせても、計算では大きな数字がでてくるが、実際の収量は上がらないのである。多収穫のすじみちは、合理的なモミ数の確保と、それを充分に稔らせるだけのデンプン生産をうながすことが基本になる。

4、多収へのすじ道

(1) 本命は光エネルギー利用

耕種農業は、光のエネルギーを利用して、作物を育てることであるから、イネつくりにかぎらず、すべての作物栽培の基本は、光利用度の高めかたにあるといってよい。

ただ、イネのばあいには、米をとるのが目的であるから、光の利用度をもっとも高める時期が出穂後にあることを忘れてはいけない。そのためには、出穂前に光をむだにすることもなんらさしつかえない。出穂後に光の利用度を高めることは、いまにはじまった考えではない。イネをつくる人なら、いつもそのことが頭にあるはずである。

苗も、植え株数も、品種も肥料も、すべて出穂後のイネの姿を頭に描いて考えると、それぞれの答えがでてくるものである。つまり出穂後の光利用率が高まる姿に、イネをつくることである。この原則でイネをつくれば、りっぱなイネができて収量は高くなる。

そのためには、第一に、生育途中で、水田一面にイネが茂り、出穂後の光利用がわるくなることを絶対さけること。つまり過繁茂のイネつくりをやめることである。小柄なイネが充分な葉面積を確保して出穂期をむかえ、その後の光の利用率が高くなっていたことに意義があるのである。

では、葉が立った小柄なイネつくりの基本はなにかというと、水田の利点を欠点にしないこと。つまり水田はイネの生育にとって大切な水と養分をたくさんもっているが、その調節をあやまると、大柄なイネになり、水田の利点が欠点になる。これをさけることである。いいかえれば、水のかけひきと肥料での生育調整に注意すること、それは両棲生物のイネを使いこなす根本でもある。

こうして、小柄なイネつくりに成功すると、出穂前に過繁茂をさけて、からだいっぱいに光を受けたイネは、出穂後の活力が自然に高まる。しかし、その活力を米つくりに集中するように、うまく調整する技術が必要になってくる。これが、これからの新しい技術の方向であろう。

せっかくできあがったデンプン製造工場の運転が、葉や穂の故障で運転不能になっては、一千億カロリーの光はむだになる。それには、根の健康管理に注意して、出穂後の効率のよい受光体制をくずさないように心がけることである。

初期生育をおさえて、秋まさりにもっていく技術は、それ自体、出穂期以降に重点があるから、出穂後に必要な養分や水分を出穂前にくいだめしておくイネでは成立しない。その意味でも根の活力が大切になる。生育促進技術では、根も生育中期に重点があったが、その発展である秋まさりのイネつくりは、根の重点があとにずれてくることになる。

根の健康管理が葉の同化能力を高め、穂にデンプンをたくさんたくわえる道であることは、穂・葉・茎・根の協力関係を通じて行なわれる。しかし、その協力関係には、お互いに矛盾する関係がいくつもある。イネ自身に矛盾はないが、たくさん米をとろうとする私たちにとって不都合なことが多い。この矛盾をどう解決するかが光の利用を高めた秋まさりのイネにするきめてになる。

(2) 穂数よりも穂重に力点をおく

収量構成要素で、まず最初に考えるのは、その品種のもっている着粒数の能力をどうおさえるかである。品種の特性からみても、一穂に一〇〇粒以上つけるのはむりで、安全なところ平均粒数としては八〇〜九〇粒しか期待できない品種を考えてみよう。平均九〇粒として千粒重を二三グラムとみれば、総モミ数はどのくらいあったらよいかがでてくる。計算すると、坪当たり一三〇〇本なり一四〇〇本といった数字がでてくるであろう。それを、品種の特性を無視して一〇〇粒にしようとしてもむりがかかるだけで、そのマイナスはどこかにあらわれてくる。

予定の茎数がきまったら、この茎数を、一株の本数と坪当たりの株数との関係でみる。このばあい一株の本数はあまりむりをしないほうがよい。というのは、一株の分けつが多いと、どうしても株の中のほうの茎の充実がわるくなってくるからである。だから、茎数の確保は株数でかげんするようにする。

穂数と粒数を別々に考えるのはまちがいで、いっしょに考えたほうがよい。穂重型の品種のばあいなら、穂数が少なくても一穂の粒数は多いのだから、まず、むりのない坪当たりの茎数密度を目標にし、あとは着粒数を増すようなつくり方にもっていけばよい。

それを、昨年は一穂にこのていどしかつかなかった、だとすれば茎数をふやさないと総モミ数はたりないのではないかといった考え方から茎数に力点がおかれ、その結果は過繁茂となり、それが登熟歩合に影響して減収している。したがって、むりのない茎数目標を立てたら、総モミ数がどうなるなどと考えないでつくったほうが安全で増収できる。

一般にはこんな例が多い。かりにフジミノリで六〇〇キロとったイネを調べてみて、坪当たりの株数で七〇株、一株の分けつが一五本、一穂粒数が一〇〇粒、千粒重は二三グラム、登熟歩合が八〇パーセントあったとする。この例をみてすぐに気づくのは、茎数が坪当たり一〇五〇本では少ないのではないかということだ。ほんとうにそうだろうか。

フジミノリのような穂重型の品種では、坪当たり一〇〇〇本くらいで七五〇キロくらい上げているから、とくに少ないとはいえない。問題なのは、一穂の粒数と稔実にあるようだ。

実際によく調べてみると、一穂平均一〇〇粒といっても、主稈穂をみると一五〇粒もあり、少ないものでは六〇〜七〇粒といったものがあり、平均したら一〇〇粒になったという内容である。つまり、穂が不ぞろいだったわけだが、穂がそろうようであれば、一穂粒数はもっと多くなったはずである。もっと重要なことは、フジミノリのような登熟力の強い品種では、登熟歩合が八〇パーセントでは低すぎる。これも穂がこのように不ぞろいでは当然の結果といえる。登熟歩合が九〇パーセント以上になれば、これにともなって千粒重も増加し、茎数をふやさなくても七五〇キロはとれる。

よいイネをつくると、どれが主稈穂なのかわからない状態に育ち、ばあいによっては、主稈穂よりも一号分けつ（主稈の第二節からでた分けつ）や二号分けつの茎のほうがりっぱな穂をつけ、草丈も長くなることが多い。

(3) モミワラ比を高める方向

モミ数が少なくて収量が上がらない地帯もあれば、入れ物はあるのだが中身がはいらない地帯もあるが、六〇〇〜七五〇キロの収量をねらうようになると粒数の問題よりも登熟が問題になってくる。

一〇アールから二〇キロのクズ米がでたとすると、このクズ米を完全な米に実らせるようなつくり方をすれば、一俵の増収になる。二〇キロのクズ米がでるということは、他の完全米でも、ほんとうに充実したものとはいえない証拠で、一俵増収の中身は、クズ米分のほかに全体の千粒重がふえることなどによって増収したのである。

多収のイネつくりの道はひと口にいって、ワラを少なくしてモミを多くする方向だといえる。

ワラ重のへり方をみると、こんなぐあいである。昨年は、全体が二〇〇キロでモミとワラの重量はモミが一〇〇キロでワラが一〇〇キロだったとしよう。今年は収量が一割増収したとしてモミ・ワラの関係をみると、不思議なことに全体の量はかわらず二〇〇キロある。かわるのはその中身で、モミが一一〇キロとなり、ワラは九〇キロといったことになり、さらに増収したとすると一一五対八五といった変化を示している。

このことはなにを意味しているのであろうか。増収するイネは、特別に草丈は大きくなるものではないし、茎数もとくに多くなっていない。もちろんへるはずはない。結局は、茎や葉の中に蓄積されていた養分が、最後の段階で穂に完全に吸いとられて茎葉に残らなかったからであろう。モミの充実がわるいときには、必ずワラ重は多くなるが、これは、穂に吸いとる力がなく、完全に穂に移行しないうちに穂が枯れ、養分が茎葉に残るからであろう。

穂が発育停止した状態のときにどんどん追肥をやっていくと、葉は青くなり元気よく育つが、そんなときはワラの重量だけがふえて、モミ重はほとんどふえない。このことでもわかるように、収量の多いイネは穂に活力があって、いつまでも発育停止をおこさず、吸いこむ力の強いことが必須の条件になってくる。

5、田植機イナ作の特徴

手植えイネで多収を上げようとすれば、穂数や粒数つまりモミ数ばかりふやしても稔実がわるければだめだということは常識である。穂数や粒数をいたずらに多くすると、逆に登熟歩合が低下したり、千粒重が軽くなって減収するという関係があり、この点をどう技術的に解決するかが手植えイネのポイントになっている。収量が高まるにつれて、穂数・粒数をふやすよりも、稔実を高める点に重点がおかれていく。

さて、この点、田植機イナ作ではどうだろうか。現在の段階では稔実をよくすることにねらいをおくよりも、モミ数を多くするほうが重要である。つまり、穂数を多くとるにしろ、一穂の着粒数を多くするにしろ、モミ粒の絶対量が多くならないことには増収しないということである。

この点について誤解のないようにしてもらいたいことは、稔実をよくすることを無視してよいというわけではない。高い収量をねらう段階になれば当然稔実（登熟歩合や千粒重）が問題になってくることは当然である。

田植機利用の稚苗イネのばあいは、手植えイネにくらべて稔実がよい。しかし、これは、穂数や一穂粒数が充分確保されたうえでそうなっているのではない。つまり、モミ数が少ないために、全体のモミを充実させられるからである。手植えのイネのばあいでも、イネを小柄につくれば稔実が非常によくなることはみなさんも経験していることで、裏がえしていえば、穂数や一穂着粒数が少ない結果、稔実がよくなるのだと考えられる。

では、なぜモミ数が不足するのか。第一の理由は、一穂の着粒数が少ないことである。この着粒数がきまるのは、出穂四〇〜三〇日前のイネの姿と素質、つまり充実した茎になっているかどうかである。それが、稚苗イネではどうしても手植えのように充実した茎に育てることがむずかしい。貧弱な茎の中で生まれた穂はどうしても貧弱になる。

モミ数不足の第二の理由は、穂数の不足によるものである。

稚苗イネは、下位の節から分けつするので、茎数はかんたんに確保できる。したがって穂数確保も容易にできると思いこんでいる人が多いようだが、これは錯覚である。むしろ、稚苗イネは茎数確保、結果としての穂数確保がむずかしいと考えたほうがよい。

一般に下位節間の分けつが生きると考えられているようだが、ふつうは五〜六号分けつあたりから生きるばあいが多く、一〜四号分けつは死んでいる。穂数は手植えと同じくらいとれている、という人があったとすれば、それは一株本数を多く植えた結果である。

機械植えのばあいは、手植えとちがって、本数を多く入れることはかんたんにできる。実際に自分では四〜五本植えのつもりで植えられたものも、よく調べてみると八本や一〇本植えられているのが実態である。

Ⅱ　イネの栄養生理

一、養分の吸収

1、生育の時期と養分吸収

水田の豊かな水と養分を上手に利用することが、自分の好きな形のイネをつくる基本である。昔から米一石チッソ一貫匁(三・七五キロ)といわれているが、イネの収穫物を分析してみると、米一石に対してイネが吸収したチッソは九百匁(三・三八キロ)くらいで、実際に一貫匁に近い量である。

したがって、五石の収量をあげるには四貫五百匁（一六・八キロ）のチッソが必要になる。もっとも、水田は養分をたくさんもっているので無肥料でも株数をふやしてつくれば二石はとれるから、二貫匁（七・五キロ）近いチッソは水田から補給されることになる。しかし、一般にはチッソ肥料を成分で二貫（七・五キロ）与えて、収量は三石というのが常識であろう。ということは、どこかにむだがある。それには、やった肥料が逃げるばあいもあるが、問題なのは米をとるのに必要な時期に肥料が効かないで、効率のわるいときに吸うために、チッソは三貫（一一・三キロ）も吸ったが米は三石もとれないということになる。この点が、イネの栄養を考えるとき最も重要な点である。
ではどうするか。それには水田の養分がイネの生育につれて、どう利用されているかを理解しておくことからはじまる。

イネの生育に必要な養分はチッソ、リン、カリ、マグネシウム、カルシウムなどがあるが、微量要素として鉄、マンガン、亜鉛、銅、モリブデン、ホウ素、クロール、それに珪素がある。

しかし、肥料として与えるときは、チッソ、リンサン、カリが主体で、そのほかのものはだいたい水田の中のもので間にあうので、ふつうは考えなくてもよい。もちろん、珪酸は秋落田などに効きめがあるといわれ、その増収効果も場所によってはっきりしている。しかも、珪酸の役割はイネが水田で生育していることと関連があり無視できない。

第15図をみていただきたい。これはイネを各生育時期ごとに水田から抜きとってきて、吸収の様子をみたものである。チッソを例にとってみると、いわゆる分けつ期から伸長期にかけて非常ないきおいで吸収している。しかも、開花期以降は吸収がストップしていて、イネがチッソをたくさん必要とする時期ともよくあっている。しかし、この関係で注目すべきことは、たとえば、チッソは出穂期以降には吸収しないといっても、穂はチッソが必要でないことにはならない。この点がイネの栄養生理を考えてゆくときの一つのポイントになる。

それは、出穂以降の養分の再利用をみてもわかる。チッソは茎葉から抜けだして穂に送りこまれ

第15図　吸収した養分のゆくえ

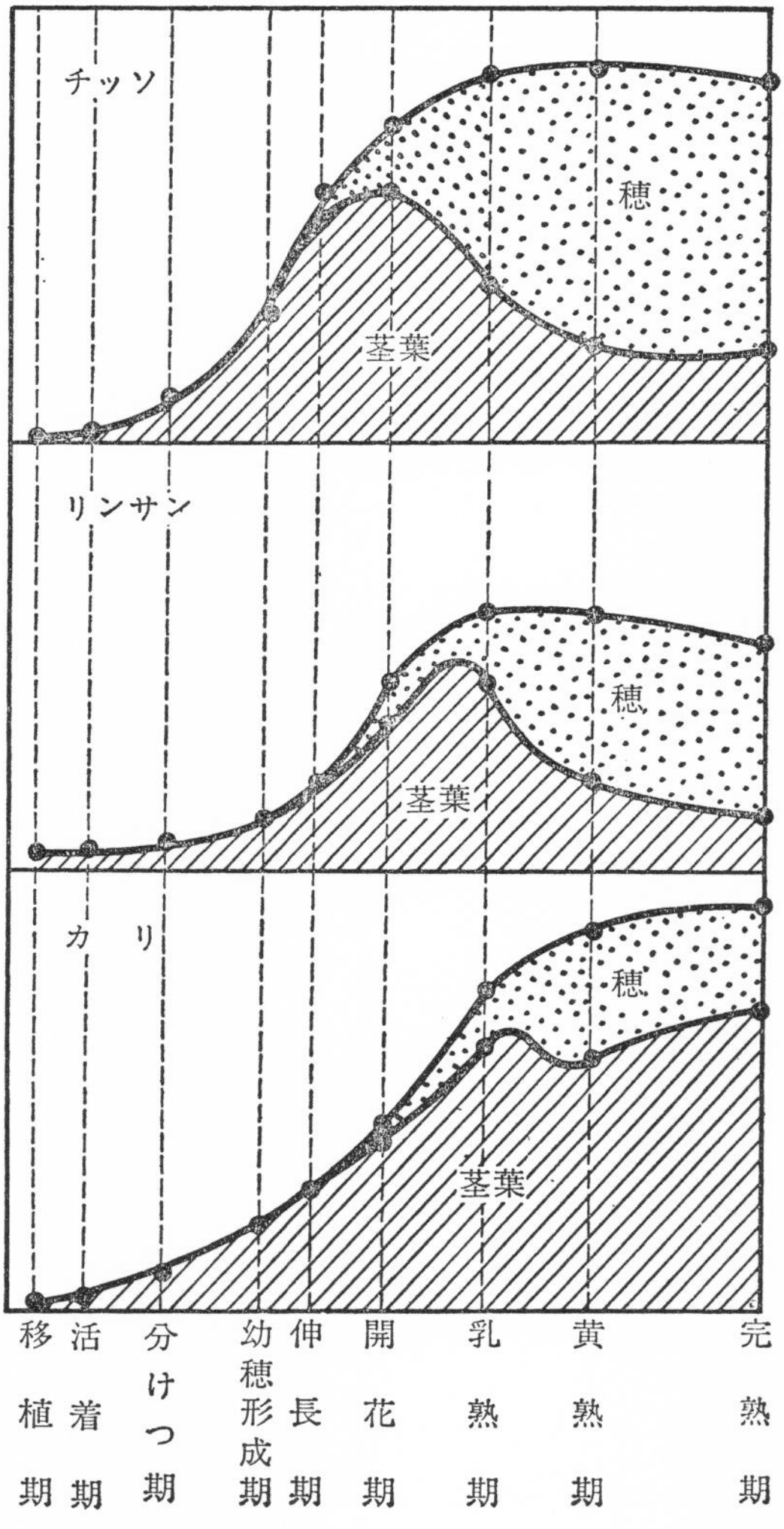

る。リンサンもまったく同じで、出穂期までイネが吸収したものの六〇〜七五パーセントは、穂づくりがはじまるとき、葉や茎から穂に移ったものである。したがって、出穂後チッソやリンサンが必要でないのは、穂の生育にチッソやリンサンが不要だというのではなくて、出穂期までに吸収して、からだにたくわえられていたものが穂に再び利用されるから、イネは吸わなくてもよいというにすぎない。

ところで、生育全期にわたって必要なカリはどうであろうか。カリは、やはり茎葉から抜けて穂に移るが、移る量は意外に少なく約二〇パーセントにすぎない。結局、出穂後吸収したカリは穂に移らず、大半は葉にとどまっていることになる。これはあきらかに、チッソ、リンサンとカリのはたらきが異なっていることを物語っている。

チッソやリンサンは、タンパク質の材料であり、出穂後は穂の活動に必要なタンパク質となるためにすぐに茎葉から抜けだして穂に移り、葉から送られてくる炭水化物を一生懸命とりこむはたらきをする。それに対して、カリは葉に残っていて、葉の光合成とそこでできた炭水化物を穂に送りこむ役割をはたしている。こうして、チッソ、リンサン、カリが上手に協同して穂づくりにはげんでいるのである。

もちろん、葉で炭水化物をつくるのも、その大元は、チッソやリンサンであるから、穂づくりにチッソやリンサンが必要だからといって、全部葉から穂に移ってしまってはだめなのである。この関係の調節をどうするかが米の収量をあげる骨ぐみになる。

いずれにしても、ここで理解していただきたいことは、養分は必要に応じて吸収され、また、それが必要に応じてからだのなかで再利用されること。つまり、くいだめがきくことである。そして、種類がちがう養分は、米つくりに対して分業的にはたらく関係があることを申しあげたい。

肥料は、やってしまえばイネが都合のよいときに吸って、適当に利用しているからほっておけばよいということにはならない。この性質をどのように利用するかによって、施された一〇キロのチッソが、収量では七〇〇キロにもなれば三〇〇キロどまりということにもなるのである。

2、吸収した養分のゆくえ

出穂期以前に、からだにたくわえたチッソやリンサン、カリなどの養分は、出穂後からだの中でまた分配されて使われる。しかし、このことは、出穂後にかぎったことではなく、出穂以前でも、いや苗の時代にもおきている。

種モミが発芽する。モミの中にはすでに三枚の葉のもとができていて、その葉のもとが、モミのデンプンやタンパク質を使って伸びてくる。そして根もではじめると、このでてきた根が、はじめて土から養分を吸いだす。この根から吸った養分と、葉でつくった炭水化物から、イネはタンパク質をつくり、からだを大きくする。しかし、苗の若いころは、苗床の肥料を利用してタンパク質をつくるといっても、その量が少なく、まだタンパク質や炭水化物の大半は胚や胚乳からもらって生育し、三葉が展開し、四葉がではじめるころにいわゆる離乳期になり、独り立ちしてくる。あとは新しい根が養水分を吸収し、葉が炭水化物を合成してからだの生育に必要なものを自分でつくってゆく。これを、私たちは「独立栄養」とよんでいる。つまり、根から吸ったチッソやリンサンをつかって、炭水化物やタンパク質を自分でつくって生育することである。私たち人間のように、動植物のデンプンやタンパク質をたべて生活するものとの根本的なちがいである。

しかし、イネの発育を一枚の葉、一つの分けつ、一本の根ごとにみてゆくと、かならずしも、自分の生育に必要なタンパク質や炭水化物を自分でつくって、親がかりでなくなっているとはいえない。四葉のつぎに五葉がでてくるが、この五葉は自分で必要な栄養物を、自分でつくっていない。自分のからだに必要な炭水化物を、四葉または三葉からもらって伸びだすのである。そして、五葉が独り立ちできる大きさになってからはじめて独立栄養的になり、三葉がやったと同じように自分がつくった炭水化物を次の新しい葉に送ったり、または、新しい分けつの伸長に必要な炭水化物を分けつ芽に送りこむ。しかし、五葉はいつまでも元気でいるわけにはゆかず、年をとってくると光合成のはたらきが弱くなり、そしてしまいには枯死してゆく。しかし、死ぬといってもただ死んでしまわない。それまで葉の中にあったチッソやリンを、老化とともに新しい葉や分けつ、または根へと送りこんで、天寿をまっとうする。

葉が枯れてその中身がほかの部分に移るばあい、移る量は条件によって異なる。たとえば、葉が茂りあって、暗くなり、赤味をおびて死んでゆくとき、または寒さで死んでゆくときには、中身をあまりほかにやらずにたくわえたままで死んでゆく。

以上のことは、出穂期にチッソやリンサンが茎葉から穂に移ることとまったく同じである。ただし、出穂期のばあいも栄養分の多くは古い葉から穂へと移っている。

要するに、理解していただきたいことは、イネが苗代で芽をだして、つぎつぎと新しい葉や分けつをだして大きくなってゆくときに、新しいものは古いものに頼りながら、生育がすすんでゆくのであり、古いものと新しいものが密接な関係にあることである。まったく、人間の親子関係のごときものである。

農家の人がよくイネをつくるには〝波をうたすな〟といわれるが、ある理想のイネをつくるとき、たとえば、止葉を二〇センチにしたいと思って、止葉がでるときに肥料のやり方を調節したのではもうおそい。そうするにはその前の葉、さらにその前の葉と順序よく管理してゆかねばならない。

ところで、いまの新しい葉と古い葉の関係を一枚の葉にあてはめて図にしたのが第16図である。図は、四葉ができてから枯死するまでのチッソとデンプン、それにセルローズの含量のうごきを示したものである。葉が頭をだしたころは、先にできた葉からチッソをもらっているのでたくさん含んでいる。しかし、まだ独立できず、デンプンの合成量も少ない。やがて葉が伸びきると、一人前になり葉の光合成もさかんになりデンプンが多くなる。それに応じて葉の骨格であるセルローズができて葉が上手に光を受けるようになる。そして、できた炭水化物をさかんに新しい葉や分けつに送りこむ。しかし、やがて二週間もたつと、老化してきて、光合成の作用が弱くなり、葉の中身のチッソは抜けだして、ほかの部分へと移ってゆく。

この原則は、葉のばあいも葉鞘や根のいずれのばあいにもあてはまることであり、しかも、イネの一生を通じてもいえることなのでくわしく述べた。そして、生育時期に応じて養分の要求がかわることも、この単純な関係によっている。

生育時期によって要求する養分が異なる理由はなぜか。

第17図はイネの一生を通じて、からだにたくわえてゆくもののちがいをしめしたものである。この図は、一枚の葉の成分がかわっていくすじ道とまったく同じである。

第16図　一枚の葉の生長と中身の変化

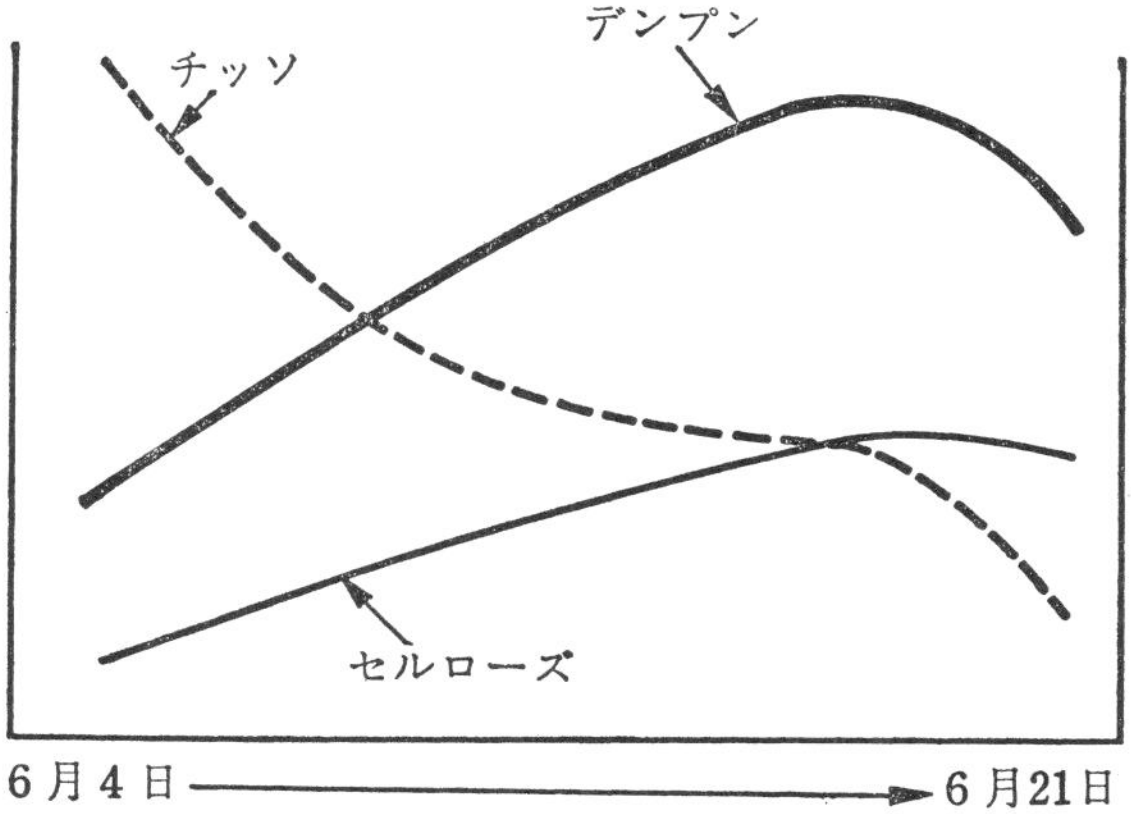

第17図　生育時期の中身の変化

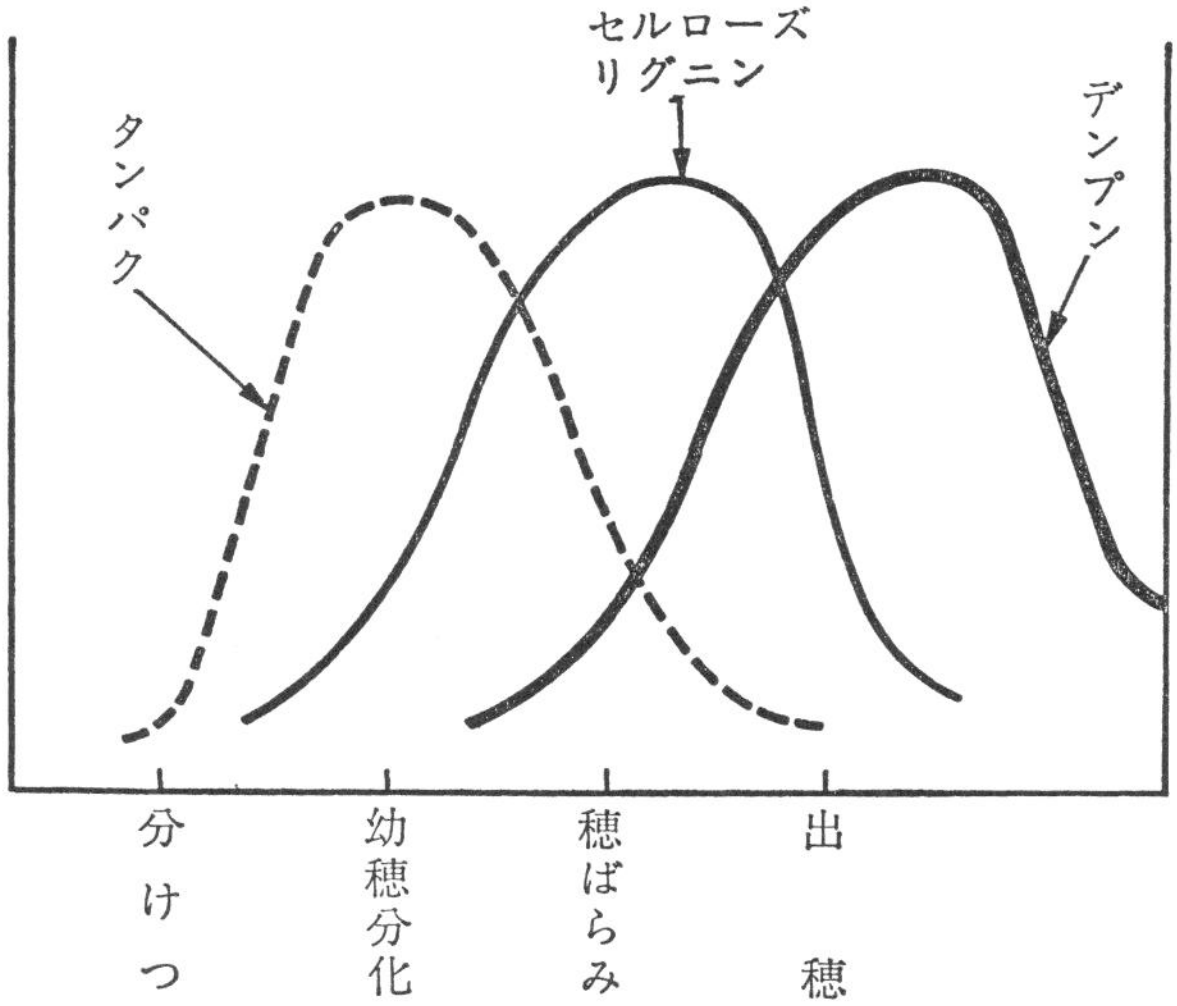

分けつ期から幼穂分化期にかけては、タンパタ質がさかんにつくられる。つまり、新しい四

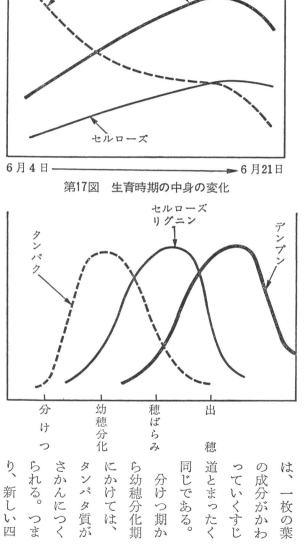

葉ができてしだいに大きくなってゆく過程にあたる。事実、イネは葉数と分けつの数をまし、からだを大きくしてゆくときであり、そのからだつくりのもとであるタンパク質がさかんにつくられるのは理の当然。そのタンパク質のもとはなにかといえば、根から吸われるチッソ、リンサン、硫黄と、葉でつくった炭水化物でつくられている。一枚の葉が伸長するときと同じようにイネが充分な茎数を確保し、立体的なからだになって節間が伸びはじめると、こんどは、セルローズやリグニンがふえてくる。これもまったく一枚の葉のばあいと同じで、イネ全体が上手に光を受けるようにからだの骨組みをつくるわけである。

さて、リグニン、セルローズの時期がすぎると、こんどは、一枚の葉のばあいと同じく、成熟し、本格的に光を使って炭水化物をつくるようになる。そのつくられた炭水化物は穂に移り、そこでデンプンになり、米ができてくる。タンパク合成、リグニン、セルローズ合成としだいにデンプン工場の敷地や機械が整備されて、いよいよ本格的な米つくり、つまりデンプン製造工場が作業を開始することになる。デンプン製造工場の生産を維持するためにカリは最後まで吸収されて葉にとどまり、炭水化物づくりに精をだすことはすでにのべたとおりである。この工場がいかにうまく光を利用して穂にデンプンを送りこむかが、技術の中心である。

二、各器官と養分の配分

1、分けつと栄養

新しい葉と古い葉の関係が全体的にみたイネの一生と似たものであっても、分けつはどうであろうか。これまた同じ原則で親子関係がある。ただ少しちがうといえば、お互いの葉同士や、穂と葉の親子関係が少しうすれ、分けつ同士が本家と分家のように少し情がうすれる傾向がある。分家同士や本家と分家の利害関係から争いがおこり、独立後日の浅い分けつが、本家の支援がきれて、たまには死ぬこともある。

第18図　葉と分けつの関係

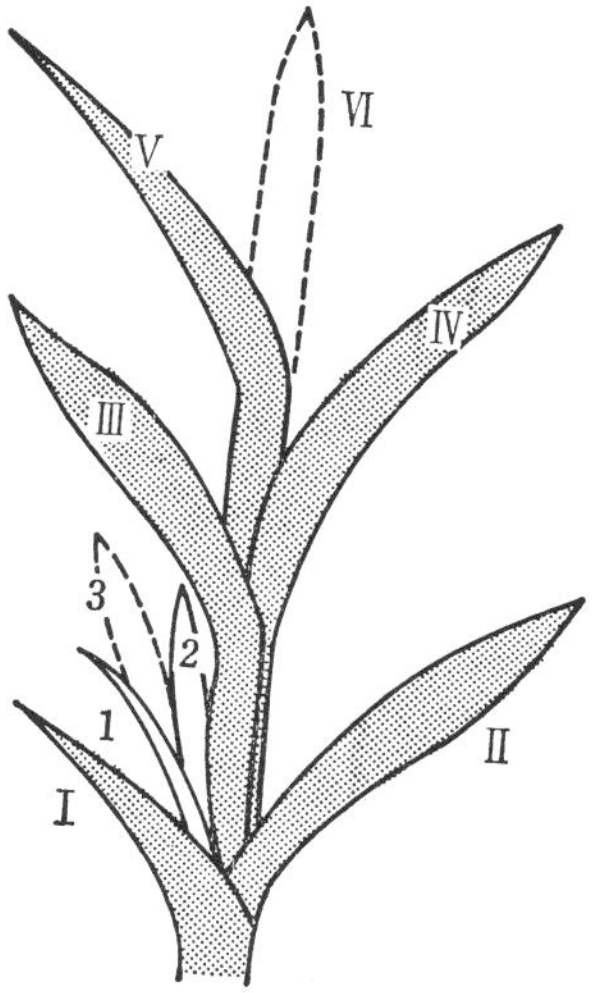

分けつは、それぞれ独立して、葉はもちろん、穂も根ももったりっぱな植物としての一個体であることからも、お互い同士の関係は想像できるであろう。第18図に、同伸葉同伸分けつの理論とよばれる本家の主茎の生長と分家とみられる分けつの関係をしめした。

苗代で種モミが発芽し、胚の中ですでに準備されていた三枚の葉がつぎつぎと伸びだす。三枚（図のI、

Ⅱ、Ⅲ）の葉が完全に伸びきると根もふえて、イネは種モミからの栄養にたよらず、自分で自分の栄養物をつくるようになる。それとともに、第一葉の葉鞘のつけねの節から、分けつ芽がうごきだしてくる。分けつ芽がうごきだすのは、種モミから芽がでてくるのとまったく同じで、ちがうことは種モミのばあいは胚乳から栄養分をもらって芽が伸びてくるのに、分けつ芽は、栄養分を節または葉鞘からもらっている。利用する栄養分の場所がちがっているだけで、分けつも種モミの発芽も同じ内容のものである。

したがって、種子から発芽して大きくなってきた親茎のⅣ葉が、ほかの葉から栄養分をもらって伸びはじめると、それといっしょにⅠ葉の葉鞘の中でうごきだした分けつの第一番目の葉1も同時に伸びはじめる。この分けつの葉は、お互いに親子関係をもちながら、親茎と同じにつぎつぎと葉をつくってゆく。そのため、主茎の第Ⅴ葉が伸びはじめると第Ⅰ葉のつけねの節から枝分かれした分けつは二枚目の2葉が伸びてくる。主茎の第Ⅵ葉がでてくると分けつは三枚目の3葉をだす。この三枚目をだした分けつは、また種モミからでた芽と同じように、一枚目の葉のつけねの節から孫にあたる第二次分けつがうごきだす。

ご承知のように、イネは、たがいちがいに葉をだしてゆくが、その葉も主茎の第Ⅰ葉と同じく、分けつをだし、その分けつが三枚の葉をだすとまた孫分けつをつくりはじめるので、分けつ数はネズミ算式にふえてゆく。本来分けつはこのように三という数字にしたがって規則正しくでてくるのが原則である。この原則によって計算すると、田植え後苗代の第I葉の分けつが生きのびて、つぎつぎと分けつをだしてゆくと、本葉が一一枚になるころには、親茎をふくめて一六本の茎ができてくる計算になる。つまり親茎一本、一次分けつ八本、二次分けつ五本、三次分けつ二本で計一六本になる。

六葉期の苗を使って、五月二五日に田植えすると、六月末ごろには、一一葉期になるから、そのときの茎数は一六本になることになる。

この数字は、苗一本での計算だから、一株五本植えにすれば八〇本にもなる。だが、実際の田では、こんな短い期間に、八〇本にはならない。これは活着のおくれや、苗代分けつが死ぬことが多いために、分けつがふえない事情もあるが、本家と分家のあらそいにより、でてくるべき分けつがでられずに休んでしまうことによるばあいが多い。

第19図は、分けつが伸びるときに必要な栄養分をどこからもらっているかを模式的にかいたものである。分けつがA葉の葉鞘がついている節からいまの規則によってでてくるとする。分けつが必要な栄養分は節からもらうが、節におくられてくる栄養分は、葉でつくられた炭水化物やチッソが、葉鞘や節間のパイプを通しておくられてきたものである。

そのとき不思議なことに、分けつがでてきた節についている親の葉（A）からくる栄養分は素通りして、下の節にゆき、分けつ芽に必要な栄養分は反対側の上の葉（B）から送られてくる。もちろんA葉からも栄養分はもらうが、その割合は少ない。いずれにしても、分けつは、親茎についている葉

第19図　分けつに使われる養分

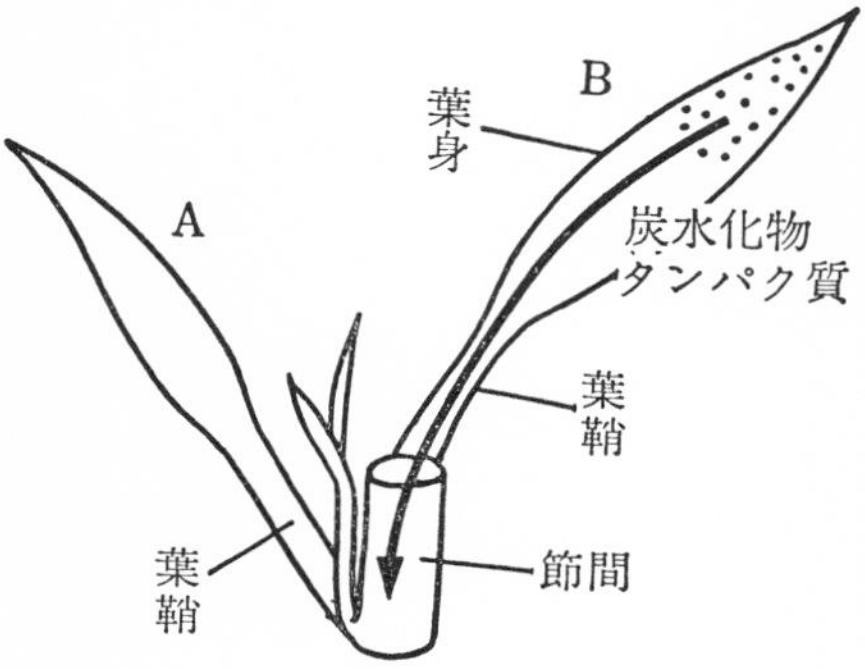

から間接的に栄養をもらって伸びる。

ところで、前に説明したように、親茎の葉は、新しい葉にも栄養分を送って、その生長を助けなければならない。葉は、自分の家の葉と分家の分けつも養わねばならない。

葉が根からチッソやカリをたくさんもらい、元気にはたらいているときは、分家の援助もできるが、少し元気がなくなると、お家大事で自分の茎の新しい葉づくりにしか手がまわらなくなる。そうなると、分けつに栄養分がゆかなくなり、分けつは伸びようがない。しかも、本家の栄養状態がわるくなると、それまでに少し伸びて独立する段階になっていた分けつの中身まで親茎に吸いとられ、分家は本家の犠牲にさえなってしまう。こんな関係は分家の分けつ同士にもおきている。

肥料不足のイネは分けつが少ない。また、過繁茂で葉が日陰になったりして葉が元気がなくなったときなどは、栄養の分配の関係で分けつが少なくなる。徒長しがちな事情（水、光、温度、養分のバランスできまる）にあるときは、これまた本家の拡大に栄養分が使われ、分けつは犠牲になって数が少なくなる。

また、本家は勝手なもので、畑苗のように小柄で、しかも栄養分がたくさんあるときは、いくらでも分家をふやして勢力を大きくしてゆく。

2、葉・茎・根の分業体制

生物は目的をもっている。それは種族の繁栄である。つまり、繁殖により、子孫をあとに残すことである。分けつにみられた、本家と分家の封建的な関係も、最悪のばあいにはなんとかして、本家をまもり、子孫を残そうとすることのあらわれであろう。

私たちが目的とする米は、もともとイネにとってはその繁殖の手段である。イネのような一年生の植物は、種子に充分な発芽能力を与えてその一生を終わる。したがって、イネは種子生産にその一生をささげる。一粒のモミから、ふつう一〇〇〇粒は再生産されるから、その能率のよさはばかにできない。それだけに、イネが種子をつくるためには、葉も茎も根も勝手な行動はゆるされず、なかなか統制のとれたうごきをしている。葉が枯れてゆくとき、その中身は新しい部分に吸いとられてゆくことなどは、このきびしさを物語っている。

では、種子、つまりモミづくりにイネのいろいろな部分がどのように努力し、また、その作業に動員されているかを図によって説明してみよう。

第20図は出穂期のイネを模式的に示したものである。そして若い上の葉や古い下の葉が同化した炭水化物を、どこに送りこんでいるかを図にしたものである。図からわかるように、止葉やその下の比

第20図　葉と茎と根の分業

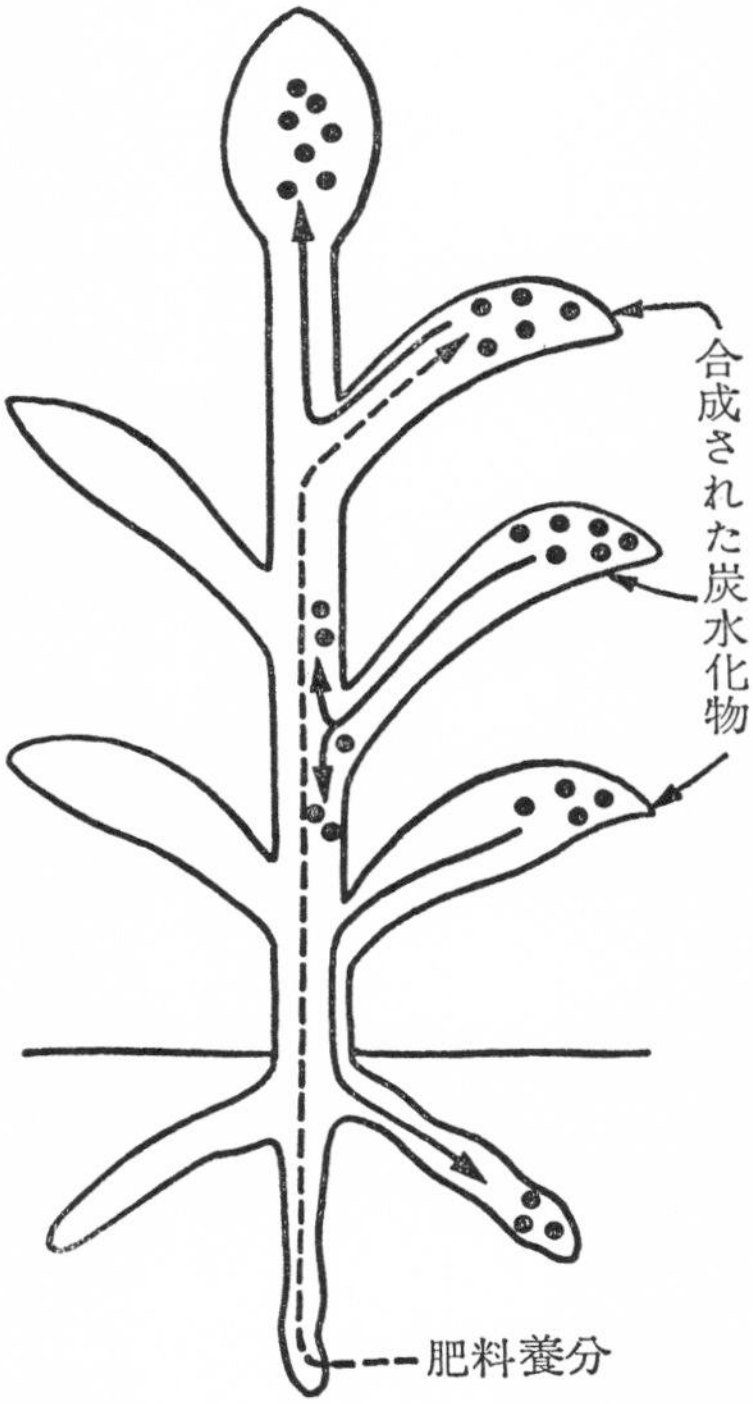

較的若い葉は、自分が同化した炭水化物を積極的に穂に送りこみ、穂づくりの中心的役割をはたしている。もちろん葉が若いからといっても、前節で述べたように、ほかの葉に依存して伸びているような未熟なものではない。葉づくりが終わり、りっぱに独立した能力をもっている若い葉である。

では、それより古い葉はつくった炭水化物をどこにおくるのか？　それは、図に示すように稈に送られる。稈はイネにとっては穂をささえる一種の支柱であるが、その骨組みづくりに中間の葉がはたらいている。

では、もっと古い下葉はどうだろうか？　下葉は、同化した炭水化物を根に送っている。根が養水分を吸収するとき、そのエネルギー源として炭水化物が必要であるが、その炭水化物は下葉からもらっているのである。下葉がかつて若いときには、新しい葉や、分けつをつくるのに一生懸命努力し、その役目が終わると、こんどは根づくりにはげむ。しかも、それに対する反対給付はまったくない。

下葉が根に炭水化物を送りこむと、根はその炭水化物を酸素呼吸で分解して、養分の吸収に必要なエネルギーをつくって、チッソやリンサン、カリをとりこむ。この根がとりこんだ養分は、どこにゆくかというと、下葉にはゆかず、止葉やそのほかの比較的上の葉に送りこまれる。下葉はまったく下ばたらきだ。

このようにして下葉の犠牲で、上の葉や根が元気をだして与えられた役目をはたしている。読者は不審に思うかもしれない。葉や根がそれほどまでに穂づくりに努力しているなら根が吸収した養分をいったん止葉や上の葉におくるようなめんどうなことをしないで、直接穂に送ったらどうかと感ずるにちがいない。

もちろん、最後には穂にゆくが、その前にまず新しい上の葉にはいる。なぜかといえば、穂は葉とちがって、自分に必要な栄養分を、チッソやリンサンからつくる能力が弱い。私たちのように従属栄養なのである。したがって、ひとまず新しい葉に送られて、そこで利用されやすいタンパク質などをつくってもらい、それが穂に送りこまれるというしくみになっている。

農家の人たちは、経験的に下葉の枯れ上がりを非常に心配する。それは根づくりに関係があるからで、枯れない努力をつづけることはまったく大切なことである。もっとも、枯れ方にはいろいろあって、葉の寿命で枯れてゆくのはやむをえない。どんな葉でも最後には死ぬ。

穂が完熟して、もう炭水化物をとりこむ力がなくなったときには、天寿であり、下葉も上葉も用はない。ただ問題なのは、まだまだ元気にはたらいてもらわねばならないときに枯れることである。

茂りすぎて下葉に光があたらず、早いうちに枯死してしまえば、上葉は活動する基盤を失い力つきて、光合成能力も弱くなり穂づくりはだめになる。

3、葉の光合成能力

一枚の葉の生長経過を調べてみると未展開で伸長中の葉は呼吸がいちじるしく高く、リンサンなどの物質も集中的に多く含まれている。葉の伸長に必要な炭水化物は、伸長中の葉からかぞえて二～三枚下の葉で同化・供給されたものである。葉が展開している間は、炭水化物を生産するどころか、他の葉が稼いだ分の仕送りを受けなければならないが、ひとたび展開が完了してしまうと、つぎにはすごい勢いで稼ぎだす。葉の光合成能力がもっとも強いのは、展開完了後の数日間であって、その後はしだいに能力が低下してくる。そのときにはよくしたもので、上位の葉がちゃんと展開を完了してつぎの稼ぎ手になっている。

このように、光合成能力の活動は、下位葉よりしだいに上位の葉へと移動していく。止葉やそのつぎの葉が稼いだ炭水化物は、主として穂に移動し、玄米としてたくわえられるが、止葉からかぞえて六枚目の下位葉などが稼いだ炭水化物の大部分は、根に移行している。その中間にある第四葉が稼いだものは、穂と地下部との両方へ移行している。

下葉の枯れ上がる原因は、まず第一に考えられるのがチッソ不足である。第21図をごらんいただきたい。これは、九葉抽出時までチッソを充分供給しておいて、急にチッソの供給を中止したばあいの変化を示したものである。チッソ供給停止時では、上から三枚目の葉にチッソがもっとも多く、下葉になるにつれてチッソがへっている。ところが、チッソ供給停止後一〇日目では、上から三葉目あたりは停止時とチッソ含量がかわらないが、下葉四枚のチッソの減少は急激である。下葉は自分を犠牲にして、持っているチッソを上位の葉に送り枯れてしまう。このように、上位葉が展開していくためのチッソが不足すると、下葉が枯れ上がる。

第21図　チッソ供給を止めると下葉のチッソが低下する

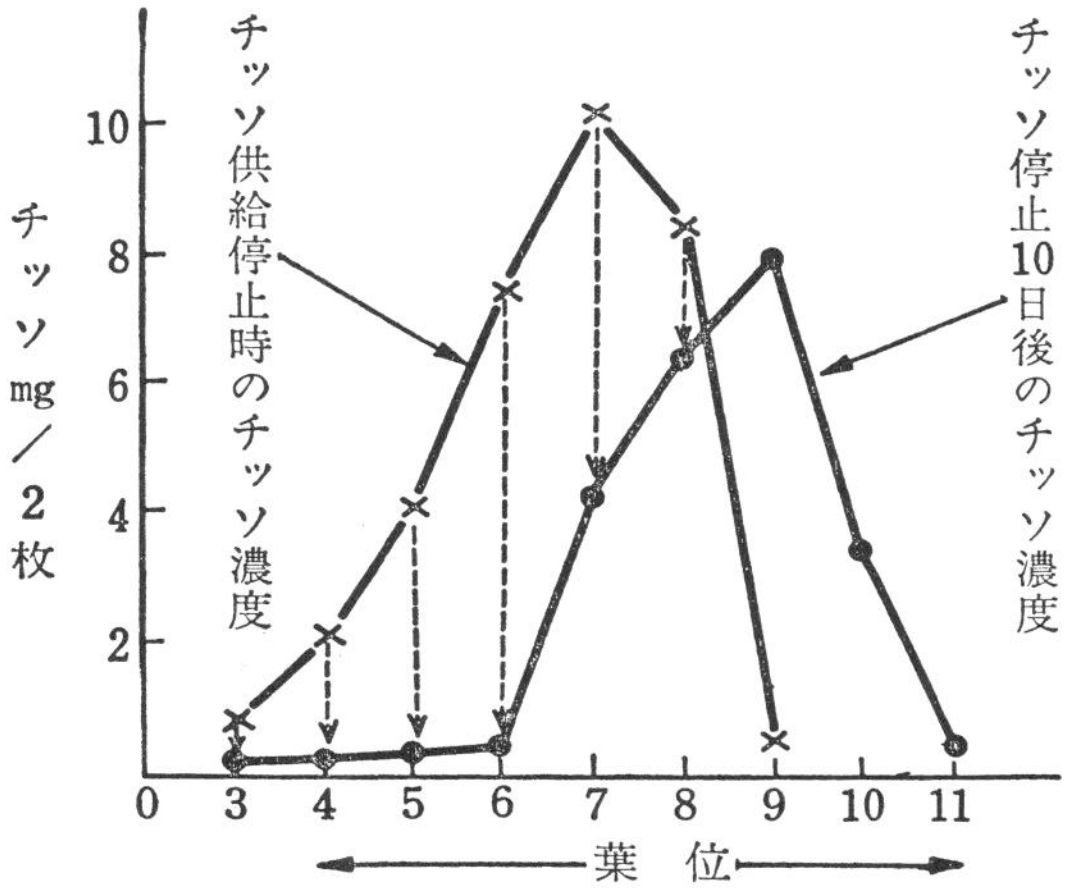

つぎに考えられるのは光の影響である。イネの葉をまっ暗な中におくと、二〜三日で枯れてしまう。弱い光のもとでは、若い葉はわりあい生きつづけるが、古い葉（下葉）は弱い光のもとでは早く死んでしまう。

これは、葉の生命保持に必要な物質がたくわえられるのに光が必要なことを示している。若い葉であれば、他の葉や根より物質が集中的に送られてくるので、弱い光のもとでも、生命を保つことができる。他方、古い葉は物質が他の部分へ流れでる傾向にあるので、光不足がいっそうその傾向を強めて枯死を早める。

イネが茂りすぎて下葉に光が当たらなくなると、下葉は光合成を行なうことができず、葉の生活に必要な物質も集まらないので、炭水化物を根に供給するどころか、その葉が枯れてしまう。この点はあまりよく理解されていないが、過繁茂の弊害として、しっかりととらえておかなければならない。

4、生育の時期と葉のはたらき

品種や栽培環境によっていろいろ差はあるが、藤坂五号を例にとると、苗代から止葉まで、主稈の葉数はだいたい一四、五枚くらいである。ところで、それらの葉のはたらき、いいかえれば、葉がつくった炭水化物の送り先は生育時期でちがっている。したがって、ある葉は分けつをだすのに役だち、ある葉はモミの粒数をきめるはたらきをすることになる。

この関係を理解しておけば、粒数確保などの計画が具体的になる。

第22図をみていただきたい。これは、生育に応じて特定の葉を切りとって、そのことによる生育の阻害から葉の役割を考えたものである。図によると、発芽後でてきた一、二葉は苗自身を大きくするはたらきをもち、三、四葉は活着に、つまり本田で炭水化物を根におくり新しい根をださせることに役だっている。ついで四葉から八葉までは、分けつの伸長に関係している。したがって、分けつを調

第22図　各生育に関係のある葉

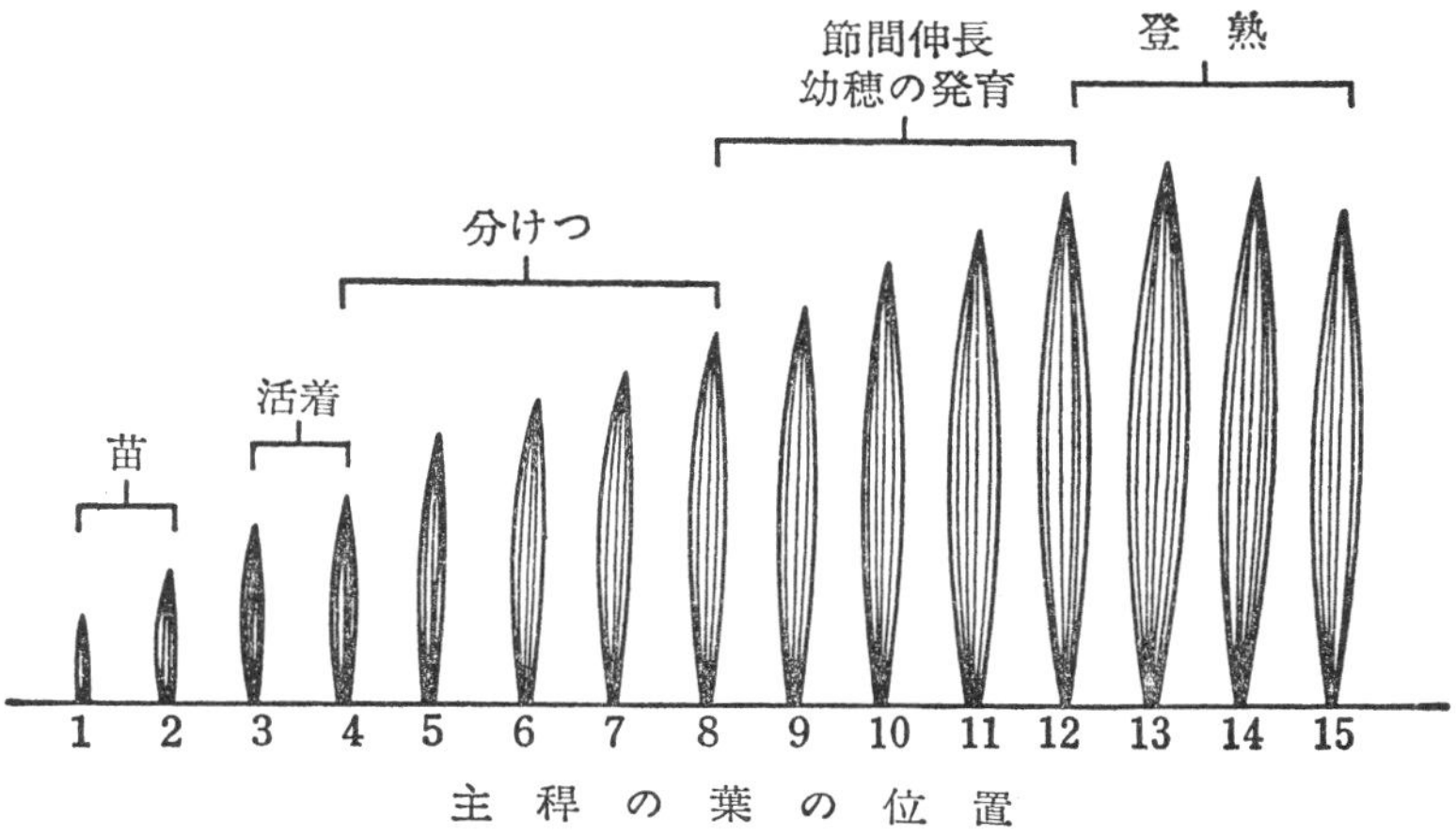

第23図　活動中心葉のはたらき

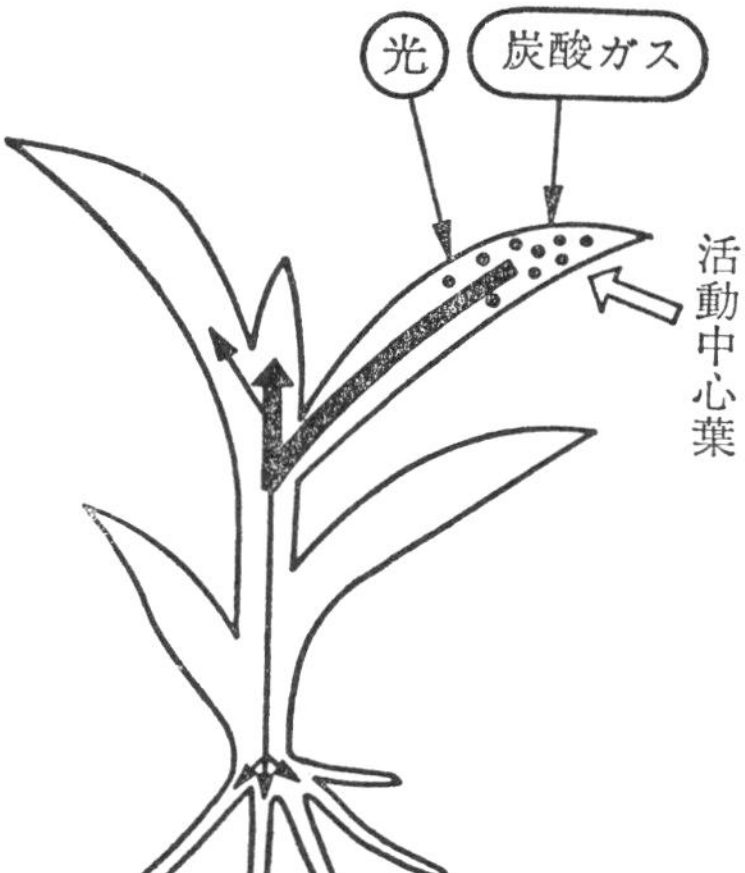

節するには、これらの葉をどのていど元気づけるかにかかっているわけである。

さて問題の穂の大きさ、つまり粒数であるが、それには、八葉から一二葉が関係している。もちろん、この葉は、穂の大きさばかりでなく節間伸長にも関係しているので、穂肥と称してこれらの葉をねらって追肥すると、稈も伸びだし、倒伏問題がでてくる。

最後に一二葉から止葉の一五葉は、登熟に関係してくることは前に述べたとおりである。

この関係を機械的にわりきって考えれば、分けつの確保には四葉から八葉を大事にし、穂の大きさをきめるのには八葉から一二葉を大事にすればよいわけである。つまり、それぞれの時期に、肥料を与え、または制限して、目的どおりのモミ数を確保しようという考えである。しかし、これはあくまで原則であって、一葉から止葉までは、一連のクサリのように関連があるので、どれかの葉だけを元気づけようとしてもむりである。

たとえば、「受光体制」をよくするために止葉を短くして穂だけ長くしたいと考える。しかし、これは不可能に近い。なぜなら、穂は葉の変化したもので、ある日突然葉になるべきものが穂になったといってよい。だから、葉と穂の間にも新葉と古葉の関係があって、止葉を短くしておいて突然に止葉との関係をたちきって、穂だけを大きくすることはできない。分けつの調節や粒数の確保もそれくらいの幅をもって考えないと、実際上は役にたたない。

一二・五葉期に追肥するというように、きわめて厳密に考える人がいる。これは正しい。一二葉がでてきたときには、からだの中で幼穂が伸びはじめているから合理的である。しかし、そのとき与えたチッソは幼穂ばかりに利用されないで、ほかにも利用されることを考えれば、〇・五葉の差は問題ではなくなってくる。

三、根の栄養生理

1、葉と根のでかたの規則性

根と地上部の生育とはきわめて密接に結びついている。四葉以降では、ある節の一次根はそれより三節上の葉といっしょに伸びる。たとえば、第五節根（下からかぞえて五番目の節からでた根）と第八葉とが同時に伸びる性質を持っている。

一般に活着のよい苗は、すみやかに発根する。発根のよい苗は充実していて、チッソとデンプンとをたくさんもっている。

イネの葉鞘のデンプンは、最上葉から三葉目に最も多く含まれている。ある葉が伸びだしてくると、その葉より二枚下の葉が活動中心葉（最もさかんにはたらいている葉）になる。活動中心葉は、さらにその一葉下の節位の根と維管束（体内で物質を輸送するパイプ）との関連が深い。

根が発生し伸びるためには、地上部からの炭水化物の供給が必要である。根の伸長に必要な養分は、土の中から根が吸収してまかなわれる。しかし、炭水化物は地上部から供給されなくてはならない。だから、地上部の物質の供給の豊富な節でなければ、りっぱな根が伸びないということになる。

活動中心葉は、一本の茎についている葉の中で最も活発に光合成を行なっている葉であって、物質の生産量が最も多い。したがって、活動中心葉に関連の深い節からは、根がいっぱいでてくる。だが、活動中心葉は生育がすすむにつれて、しだいに上の葉へと移動していくので、発根節も上の節へと移動していくのである。

とくに大切なのは、老化した節からは絶対に根がでないということだ。このように、葉のでかたと発根は密接な規則で結ばれている。したがって、地上部の生育は、当然のことながら地下部につたわるのである。

2、根の発生節位と伸びかたのちがい

生育初期の根は浅い層に分布している。地上部が伸長期になると根も深層への伸長がはじまる。出穂期には最も深い層に達する。地下部重の地上部重に対する比率は、分けつ初期が最も高くて三五パーセントていどである。出穂期以後は一五〜五パーセントにしかすぎない。根の発達は、生育のはじめでは地上部の発育よりもすこしおくれるが、出穂期のころでは根系は完成し、その後は枯死するので登熟期の根量はへる一方である。

ここにたいへん興味ある問題がある。それは、根の発生節位によって、伸びる角度がちがうということである。

第24図をごらんいただきたい。これは主稈の節位と根の伸長角度との関係を模式的に示したもので

ある。根の発生は下位節から上位節へと移動するが、活着期ころに発生する根（第六、七節）は深い層へ伸びていく。生育がすすむにつれて根の伸びる方向は水平に近づいてくる。最後の発生節である第一一節は「うわ根」となっていることがよくわかる。イネの根は早く発生したものは深く、おそく発生したものは浅く分布する。

つぎに発生当初の根の診断として大切な点をはっきりさせておこう。地上部の健全、不健全はすぐに発生根に反映するのである。

まず、イネをていねいに抜きとって、根を洗ってみる。長い根は先が切れて掘りあげることは不可能だが、発生当初の根は、一〇〜一五センチのものなら抜きとれる。この発生当初の根が、活動中心葉の健全度をはかるものさしになる。

まず、太くすんなりした根がたくさんでていれば安心である。そして、根の先から支根（枝分かれした根）の発生位置に注目する。先端から支根発生位置までの距離が長ければその根はよく伸びている根である。土壌環境がわるいときや、地上部の光合成が低下したばあいなどは、根の先と支根発生位置とがつまっている。これは根が伸長しないでなんらかの不良条件におかされている

第24図　根の発生節位と伸長のしかた
（藤井氏のデータより作図）

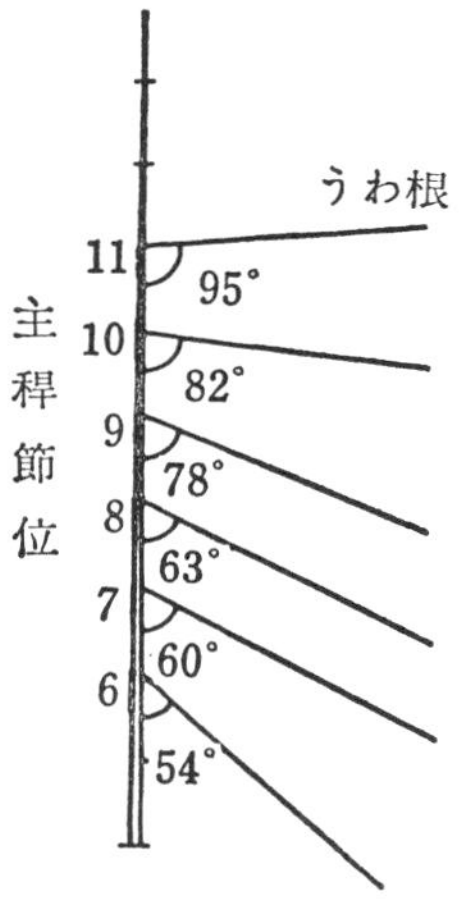

下位節の根ほどよく伸びる

ことを物語っている。

3、発生の位置と役割のちがい

根も葉もその発生時期と発生位置とによって役割が運命づけられているようである。下位の節から発生した根が深い層へ伸びていく。そこで、つぎに根のはたらきと葉の関連をみよう。いま、特定の葉が伸びだしたとする。それより四枚下の葉の付着している節の根がさかんに活動している。そこから吸収された物質は、その節よりも二つ上の節からでている葉（これが活動中心葉となっている）に物質を供給している。

また、ある節の根と上位葉との関係は両者の距離が大きくなるにつれて弱まる傾向がある。根の中の水分の通るパイプ（導管）の断面積も発生節位と関係がある。第六、七節あたりから発生した根が最大であり、これより上位でも、下位でもしだいに小さくなる。

わが国のイネの主稈総葉数は一六葉の品種が最も多い。このようなイネであれば、発根する節は下からかぞえて一二節までである。一三節から一六節までは根をだす能力があるが、地面から浮き上がってしまうので、ふつうは根を持たない。そして、止葉とつぎの葉は維管束のつながりが穂と密接であるから、光合成産物は主として穂に供給してしまう。養分のゆくえはつぎのようになる。乳熟期に止葉で同化されたものはおもに穂に移行し、それより下の四枚目の葉で同化された炭水化物の大部分は根に送りこまれている。止葉よりも下二枚目の葉でつくられた同化産物は大部分が穂に送られる。幼穂のばあいでは、上位葉で同化された産物は伸長中の葉や幼穂に送られている。下位葉（上からかぞえて五枚目）が同化したものの大部分は根に送られている。

4、地上部と根のつながり

根の活力を保つことは、根のはたらきをいつまでも低下させないことにつながる。根のはたらきとは、いうまでもなく養分や水分の吸収である。養分は根の若い部分から吸収されるのであるが、根の先端付近から吸収された養分は、その部分にとどまる割合が高い。それよりもすこし基部に近い部分から吸収された養分が地上部に送られる割合が大きい。水の吸収のさかんな部分も先端よりもすこし基部に寄ったところにあるとされている。

若いイネの新根を切ったり、先を切ったりしても、数時間では光合成に全然影響がみられない。約半数の根を切ってやるとはじめて光合成の低下がみられた。これは水の吸収が低下して、体内で水分不足が生じた結果だと考える。幼苗期では地上部が小さいわりに根量が豊富にあるので根の切断の影響があらわれにくい。だが、登熟期になると根量が相対的に減少するので、根の障害はすぐに光合成の低下になる。

ことに登熟期になると、急速に根が枯れてくる。出穂期以降では炭水化物の移行の流れが穂に集中することと、下葉の光合成が低下するとか、下葉が枯れることが原因で、根に炭水化物を送ることが困難になり、呼吸作用を充分に営めなくなるので、培地の不良環境（還元状態）に対する抵抗力がなくなり、枯れるのである。

枯れないで生き残っている根でも、細胞内の糖が減少するので、浸透圧が低下し、水を吸い上げることが困難になる。そのために地上部は水不足になり、だんだん枯れていく。イネが熟れるという現象は、体内の水分が失われて死にいたる現象を指しているのだ。イネの生育末期には水分が吸えなくなる。これは、やむを得ないことなのだが、この時期があまり早くくるところに問題がある。たとえば、登熟期の平均気温が高いほど登熟日数が短縮する。これは、吸水不良となったイネが高温条件では蒸散が活発であるので、体内の水分が失われて、早く枯れることを示している。

下葉が枯れないで、地下部に炭水化物を送りこむことのできるイネであれば吸水能力が強いので、登熟期の高温も克服できる。地下部からの水の供給が豊富であれば、穂の水分を高く保つことができ、いつまでも炭水化物を受け入れるので、稔実のよいイネつくりができる。

5、根の活力は下葉が支配

根のはたらきは、養水分の吸収と、それを地上部に送りこむことが本命である。ところで、イネの根にはもう一つ大事な役目がある。それは、水田の中で生育する能力である。この能力は根の生活に必要な養分を茎葉からもらって酸素のない田で生きることと、水田に発生する有害物を無害にするはたらきの二つである。

あとのほうの、有害物を無害にする根のはたらきを私たちは酸化力とよんでいるが、この酸化力は根の栄養状態に関係がある。とくにチッソ分の多い根が、急激にチッソ欠乏になったりするとこの酸化力はよわくなり、根は有害物にまけて養水分のとりこみができなくなる。

根が酸素のない状態の水田で生きる方法には、もう一つある。それは、浅根性といって、生育にともなって葉や分けつと同じようにつぎつぎに新しい根をだして、有害物に対抗してゆく方法である。ムギの根のように、わずかな根が下へ下へと伸びて、その根をもとに支根を大きくしているのとはまったく別のゆき方である。

では、イネの根が浅根性で、つぎつぎに根をだして、どのように有害物を無害にしているのか、その仕組みについてふれてみよう。

その前に、葉の生育のところで、若い新しい葉が、伸びきったその前の古い葉から自分の生長に必要な栄養分をもらって伸びてゆくという関係を、もう一度思いだしていただきたい。つぎつぎと茎の節からでてくる根の間にも同じような関係がある。

ふつうは、新しくでてきた根は養分や水分の吸収が多いと考えがちである。それは正しい。新根はたしかに、養分や水分を吸う力が大きい。しかし、つぎつぎと新しい根がでてきて、新しい根と古い

第25図　新しい根と古い根の共同作業

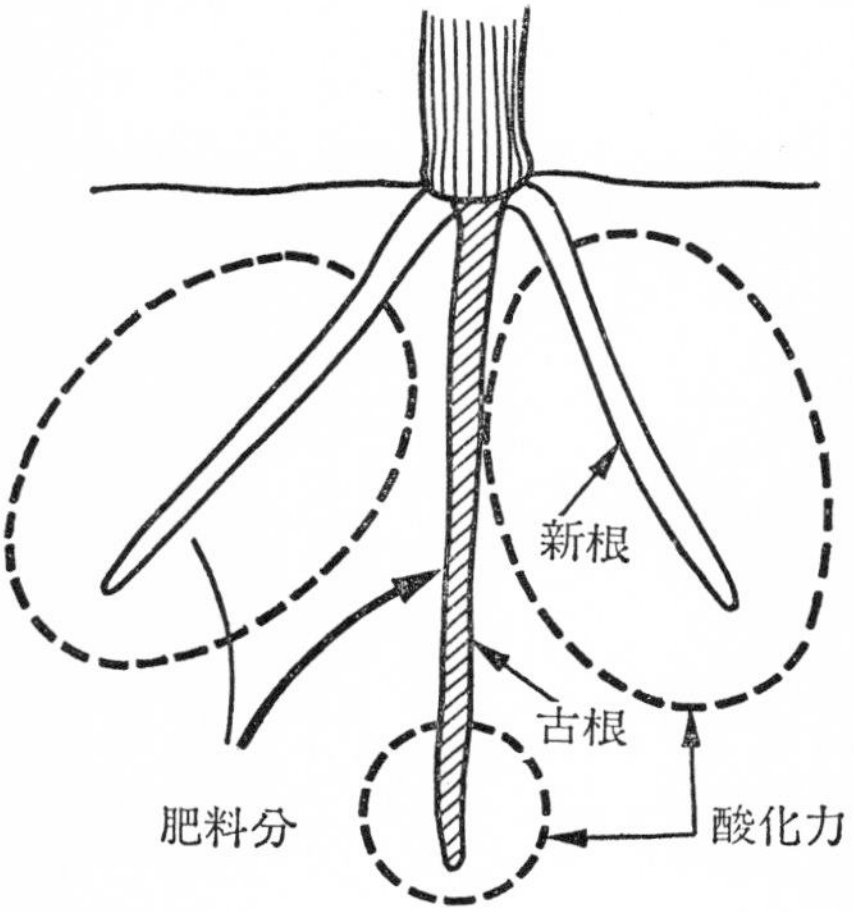

根がいりまじっている一群の根のなかにあっては、案外新根の養水分吸収量は少ない。長くなって支根も多い古い根は、吸収面積も多く、また活動中心葉のように、養水分吸収のエネルギー源になる炭水化物も多いので、古い根のほうが比較的養水分の吸収量が多い。茎や葉の生育に必要な養分の大半は、この古い根が補給しているのである。

一方、茎の節の中に蓄積されている栄養分をもらいながら伸長しはじめた新しい根は、自分のからだづくりに夢中で、吸ったチッソやリンサンも茎や葉に送りこまず、自分のからだづくりに使ってしまう。しかし、タンパクも豊かで活力が強く、有害物を無害にする酸化力は大きい。もちろん、古い根も酸化力はあるが、その部分は根の先のほうにかぎられていて、新しい根の酸化力にはおよばない。

つまり、イネの根は、茎や葉に養水分を補給する役割と、根のまわりの有害物を酸化するという二つの大きな使命があるが、その二つの仕事を、新しい根と古い根で分けあっているのである。その関係は第25図から理解していただきたい。

新しい根は、養水分吸収という大任を古い根にまかせて、自分は将来の養分吸収にそなえて、からだづくりに専心する。ただし、その強力な酸化力で、古い根の養水分吸収を援護している。しかし、新根の養水分吸収は、もともと強いもので、古い根が有害物にやられたり、茎や葉の養水分の要求が急に高まったりすると、新しい根は養水分も積極的に吸いだす。この辺は、新しい葉が、ただ古い葉から栄養分をもらって生育してゆくのとは少し事情がかわる。

この新根と古い根の共同関係は、栄養状態のよいときにうまくつりあいがとれていて、急にチッソが切れてきたり、茎や葉から送られるエネルギー源の炭水化物がとだえたりするとだめになる。

ここで、稈のデンプンのうごきを思いだしてもらいたい。稈にたまったデンプンは、穂がでるとそれまでためていたデンプンを穂に送りこんでゆく。

出穂期以降は、イネ全体が穂づくりに動員されるために、根の中身も地上部に吸いとられがちになる。もともと、イネの本性としては、主要な養分を出穂期までにとりこみ、それ以降は、からだの中で必要に応じて再利用してゆく傾向があることを前に話した。だから、どうしても根は、地上部に生活権をうばわれがちになる。こうなると新根の数も少なくなり、水田の有害物に対抗する酸化力も弱くなってくる。

いままでの四五〇キロどり農法では、これでもよかったのである。とくに水田に有害物がでて、根がたたかわなければならない時期は、水田の地温が高くなり、微生物が活動して還元がひどくなる伸長期ごろである。ちょうどそのころは、ふつうの水田では茂りあいがはじまり、下葉から根への炭水化物の補給がとだえがちになり、根は水田の中で悪戦苦闘する。根は新しい根をだして、もちまえの酸化力でたたかおうとしてもそのエネルギー源がない。

これをたすけようとして、私たちは、これまで中干しや培土などをこころみてきた。それで、根の毒物をなんとかとり除いて、根をたすけようとした。ところで、ここで気がつかれたと思うが、中干しもよいことにはちがいないが、それよりも地上部の過繁茂をさけて、下葉が根に充分なエネルギー源（炭水化物）を送りこむようにしたらどうか。たしかに、そのほうが健全である。地上部の環境を整備しておかないで、根のまわりにだけ注意しても、エネルギー源の少ない根は、毒物とのたたかいにつかれて、ようやく危機を脱して出穂期を迎えても、もはや役にたたない根になってしまっている。

6、根は酸素不足でも自活できる

イネは両棲生物のようなものだといったが、酸素のない水田の中にはいっている根が、酸素なしにはたらくわけにはゆかない。

もともと養分吸収は、根のそとにある養水分が、根に水が流れこむように簡単にはいりこんでゆくものではない。根が養分や水を吸収するためには、エネルギーが必要である。私たちが、走ったり、とんだりできるのは、呼吸をすることによってエネルギーをつくり、そのエネルギーを使っているからだ。根も、それと同様に、葉からもらった炭水化物を呼吸で酸化してエネルギーをつくり、その力で養水分を吸収している。

そうなると、葉や茎が光と酸素を利用して活躍するのに必要なたくさんの水分や養分を、根が充分供給するためには、無酸素呼吸のようなエネルギー効率の低いものでは、とてもまかないきれない。

ところが、土の中には酸素がない。

第26図　根のはたらきと呼吸

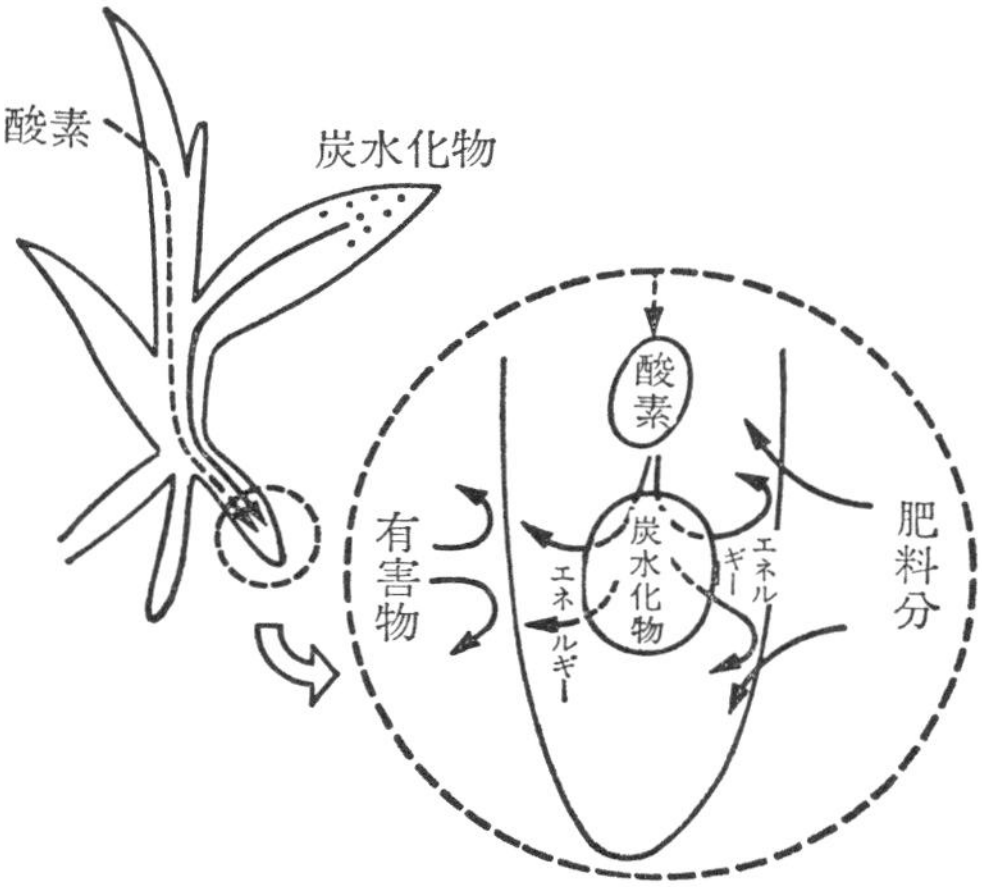

そこで、イネは酸素を陸上から送りこんでいる。ご承知のように、イネには茎や葉からからだの中に空気を送りこむ、通気系というしくみをもっている。この通気系をとおっておくられた酸素をもらって、根は酸素のない水田でも酸素呼吸をして養分や水分の吸収を行なっている。イネは茎や葉が陸上で、根は水中といった極端な環境のちがいの中で生きているが、それをうまくこなしている。

そのうえ、この茎葉から送られてくる酸素は、水田の中の毒物を酸化する役割をもっている。水田の中は、酸素がないから、くさって（還元して）硫化水素やいろいろの毒物がでてくる。根は地上部からもらった酸素と、その酸素でたエネルギーを利用してこの毒物を酸化して無害にし、自分ですみよい環境をつくっている。根のもっているこのはたらきを私たちは酸化力とよんでいる。

寒い地方でときどき経験することだが、水苗代をつくっているときに、下葉はなんでもないのに新しい葉が急に黄いろくなることがある。病気のばあいもあるが、ときには根の酸化力が原因のばあいもある。

イネの葉が黄いろくなる原因には、いろいろあるが、下の葉からだんだん上の葉に向かって黄いろくなるのは、チッソやリンサン、カリなどの不足によるもので、このばあいは、新しくでてくる葉が黄いろくなることはない。しかし、なかには下葉が緑いろをしているのに新しい葉が黄いろくなってくることがあるが、これは鉄やマンガンなどの金属類の不足したときにおこる。

水田はイネの養分をたくさんもっている。水田に水がはられたあとに気温が上がってくると、土の養分を食いものにして微生物が繁殖し、水田は還元になるが、この還元は、有害物をつくるというわるい点ばかりでなく、ある程度の還元になるとリンサンや鉄を水にとかして、イネに吸収しやすいような形にかわってくる。つまり、リンサンや鉄をふやすはたらきをもっている。

ところが気温の低い水苗代では、それがうまくゆかない。地温が低いので、床土の中が還元にならないためにリンや鉄が水にとけてこないのである。

一方、水になれっこになっているイネは、それに気がつかないで水田に鉄がたくさんあるときと同じように酸化力をはたらかせる。そうなると、水田の中のわずかな鉄も酸化するためにかえって吸えない形にしてしまう。自分で自分の首をしめるようなもので、鉄が吸えないで黄いろくなるのである。こんなばあいの鉄不足は、鉄分をやるか、また水温が上がって還元が強くなってくるとなおる。

このように、イネにはすぐれた特性がある一方、その特性がマイナスにはたらくばあいもあるので、一つの判断をあやまるといろいろな障害の原因になる。

Ⅲ　イネのデンプン生産の仕組み

一、デンプン蓄積の原理

1、デンプン生産の仕組み

光合成作用は、植物が太陽エネルギーを利用して、空気中の炭酸ガスと水から炭水化物を合成する作用である。したがって、イネのからだの大部分は、空気中の炭酸ガスと水が原料であるといえる。

光合成作用は、植物体の緑色をしている部分ならどこでも行なうが、イネでは、穂や葉鞘の光合成はわずかで、それらの部分の呼吸作用（呼吸作用は光合成とまったく逆の作用で、炭水化物を炭酸ガスと水とに分解する過程でエネルギーをとりだす）とつりあうていどである。

イネの葉では、ふつう呼吸作用の五〜一〇倍の光合成を行なっている。だから、イネの炭水化物生産の工場は葉身が主役となっている。

第27図は、葉身を炭水化物の製造工場にたとえたものである。工場の中には光合成装置が備えつけられ、装置の中には葉緑素がぎっしりつまっている。この工場に、燃料である太陽エネルギーと、原

第27図　炭水化物生産に必要な物質の供給

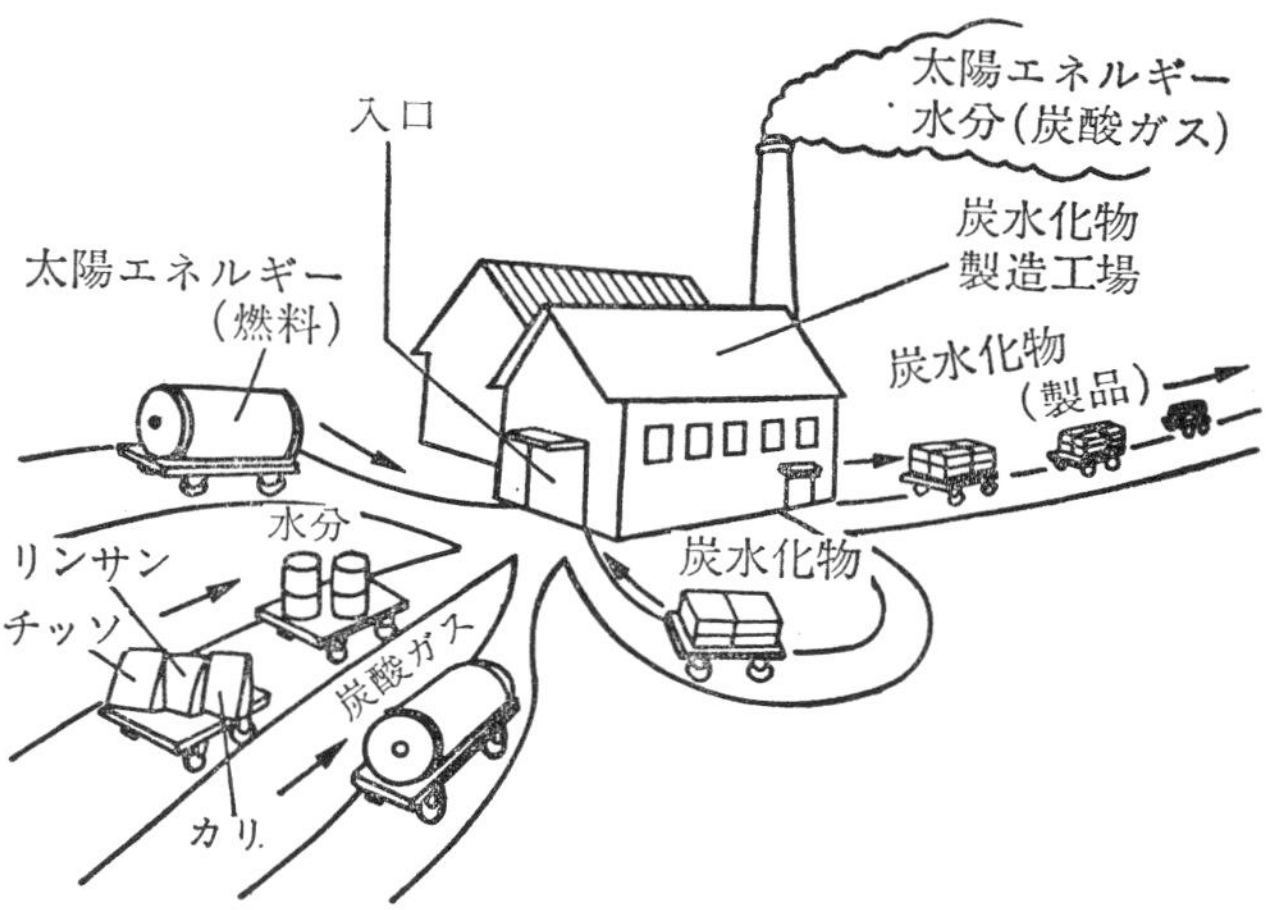

料である炭酸ガス、水分が運びこまれ、炭水化物（おもに糖分）が製造され、それが物質を運搬する通路（維管束）を運ばれてゆく。穂は製品を収納する倉庫である。倉庫ができあがるまで（出穂期まで）は、炭水化物は工場の拡大や通路の拡張工事に使用されている。

工場の拡張工事（新葉の発生）には、タンパク質がぜひとも必要で、タンパク質の製造原料としては、炭水化物のほかにチッソが必要である。また、工場を円滑に運転するには、チッソのほかにリンサン、カリ、マグネシウムなどの養分も必要である。さらに、製品を別の出口よりだして、工場運転のため（葉の呼吸作用）にも使用しなければならない。

工場に運びこまれた太陽エネルギーは、その大部分が水の蒸発に使用されて、煙突より水とともに空中へ逃げてしまう。そのために製品の中にとりこまれる太陽エネルギーは、工場に運びこまれた全エネルギーの一～五パーセントていどにしかすぎない。

製造された炭水化物は、おもに砂糖として輸送され、穂に到着したのち加工されて、デンプンとして貯蔵される。輸送中に道路や壁（細胞壁）の拡張工事に使用されたり、従業員（いろいろな生体の組織）の給料として配られたりするので、実際にはだいぶへってしまう。光合成を行なわない組織は、配給された炭水化物から呼吸作用によってエネルギーをとりだし、生活に利用している。そして、配給された炭水化物は、ふたたび炭酸ガスとなって、空中へでてゆく。

炭水化物の製造量をふやすためには、運転効率のよい工場をたくさん持ち、工場に多くの燃料や原料を運びこみ、できるだけ長時間工場を運転し、製品の目べり（呼吸による消耗）をおさえながら、倉庫へしまいこむことである。

ひとくちにいえば以上のとおりであるが、これにはなかなかやっかいな問題がたくさんある。第27図を念頭においていただいて、これから炭水化物生産工場の合理的な運営について、順を追ってのべていきたい。

生物を生産という観点からながめてみると、おどろくほど人間の社会に似ている。これは人間も生物の一員であって、その生産活動が自然界の法則の支配下にあるからだろう。イネの株全体では、ちょうど会社のように仕入れ（根）や生産（葉）や輸送（茎）を分担する部門があり、それらがうまく統合されて運営されている。そこで、生産をあげるためには、それらをどのように管理すべきかを考えてみなくてはならない。

まず、出発点として生産工場の管理からとりあげてみたい。

光合成作用が炭水化物生産の原動力であることはすべておわかりいただけたと思う。光合成作用はいわば収入に相当するものであって、呼吸作用は支出に相当する。この関係を式であらわすと第28図のようになる。図に示したように光合成作用は炭酸ガスと水とで炭水化物を合成する作用であり、呼吸作用はこれとは逆に炭水化物と酸素が結合して炭酸ガスと水とに分解する作用である。このように全く相反する生理作用に支えられ植物は生命を維持しているのである。

第28図　光合成作用と呼吸作用

光合成量 − 呼吸量 ＝ 生産量
（収入）（支出）（貯蓄）

上の式の成り立つ根拠はつぎの理由による

光合成作用 ---------- 炭酸ガス ＋ 水 → 炭水化物 ＋ 酸素
呼吸作用 ---------- 炭水化物 ＋ 酸素 → 炭酸ガス ＋ 水

生産量を大きくするには光合成量を多くするか、呼吸量を少なくするかの二方法がある。単純に考えて、呼吸作用は光合成産物を消費するだけだからできるだけ少なくするほうがよいと考えがちであるが、それは、呼吸作用についての理解が足りないからである。

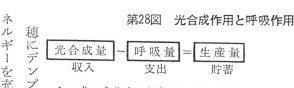

2、デンプン蓄積の三条件

穂にデンプンをたくわえるには三つの条件がそろっていなければならない。第一に、葉が太陽のエネルギーを充分利用して空気中の炭酸ガスを固定すること。第二には、できた炭水化物が葉鞘、節、稈の中を移動して穂に送られる必要がある。第三に、穂がたんにデンプンをたくわえる袋ばかりではなくて、送られてきた炭水化物を、あたかも根がエネルギーを使って吸収するように養分を積極的にとりこみデンプンをためなければいけない。これが穂にデンプンをためる三原則である。この三つの条件が一つでも満足にゆかないと、千粒重二三グラムはおろか一〇グラムにもならない。

　では、この三条件をどうしたら満足できるか。まず、葉の炭酸ガス固定能力を考えてみよう。光合成を行なっているもとは葉緑素、つまり葉緑体タンパクという葉の中の緑の色素をもったものである。これは、葉の表面にむきだしにはなっていないでほかの組織で守られている。したがって、炭酸ガスがそれらの保護機構のすきまをとおって充分に葉緑素にとりこまれなければならない。もちろん、炭酸ガスの絶対量が不足しては意味がない。

第29図　デンプン蓄積の三つの条件

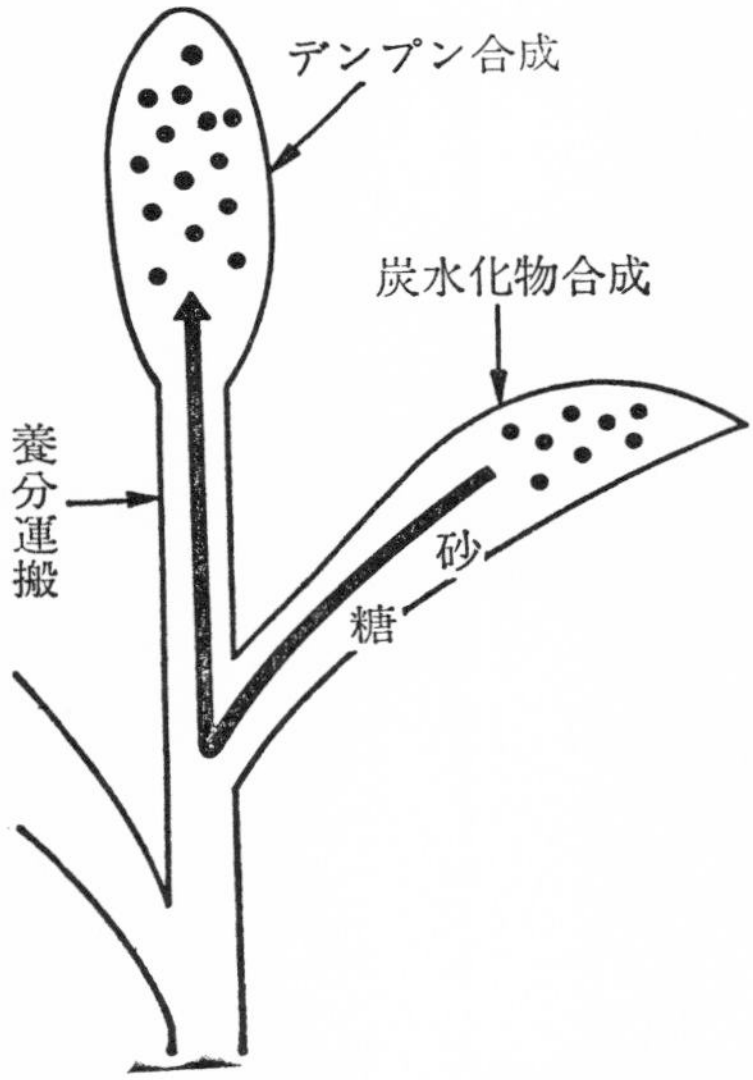

　つぎに、このとりこまれた炭酸ガスが炭水化物にかわるには、水が分解されなければならない。光合成に水が大切なことは、このことばかりでなく、葉のはたらきを総合的に高める潤滑油のはたらきを水がしていることにもあるが、いずれにしても、光合成には水分が絶対に必要なことはこれで理解できよう。その意味では、**出穂後いかに葉に水分を保持させておくかが問**

題になってくる。このほか、光合成の促進については、葉緑体タンパクが欠乏するようなこと、つまり、養分不足になることや光不足になることはできるだけさけなければならない。

つぎは、第二の条件になっている、できた炭水化物を葉鞘や稈をとおして穂に送りこむことを考えよう。この送りこみを円滑にすることは、実は、第一の条件の葉の炭水化物を合成する能力とも関係をもってくるから話が複雑になる。以前は、葉でできた炭水化物は、葉鞘や稈のパイプをとおって簡単に穂に送りこまれると考えられていた。つまり、水の流れにしたがって物理的に移動すると考えられていた。しかし、葉鞘や稈がパイプの役目をもっているといっても、その運搬力は水道管のように、通路の大きさによってきまるものではない。稈でも、葉鞘でも、水でひやしたり、または、毒物で稈や葉鞘の呼吸をとめてしまうと、葉から穂への炭水化物の運搬能力がなくなり、モミはみのらなくなってしまう。パイプはパイプでも、水道管とはちがっている。

このことからわかることは、稈や葉鞘が炭水化物をはこぶのは、ちょうど根が養分を吸収するのと同じように、稈や、葉鞘が呼吸をしてエネルギーをつくり、そのエネルギーで、炭水化物の輸送という大事な仕事をしているといえよう。死んだ稈や、葉鞘は、本当にもぬけのからで、運搬には役だたないただのパイプにすぎない。

米つくりの上手な農家の人は、出穂から収穫期の間で、穂の枝梗が緑色のうちは追肥するといっているが、このことは炭水化物の運搬は、生きている稈や枝梗がその役目をはたしていることと関連があると思う。

さて次に、第三の条件、モミが積極的に炭水化物をとりこんで、それをデンプンにする作用である。炭水化物はデンプンの形でからだの中をうごくことはできない。そこで、運搬されるときは必ず甘い砂糖の形で運ばれる。したがって、穂が砂糖をデンプンにする能力が大きくないと、砂糖のゆき場がなくなり、穂の炭水化物の収容能力はおちてしまう。この穂が、砂糖からデンプンをつくるのもやはり仕事で、穂は砂糖からデンプンをつくる仕事に精をださなければならない。したがって、穂をいかに長生きさせるかが問題になる。よく高温障害で登熟がわるくなることが問題になるが、温度が極端に高いと、やたらに呼吸ばかりさかんになって、消耗が多く花が早く死んでしまうのが原因である。いずれにしても、登熟期間に穂がたくさんのデンプンをためこむには、穂も稈も葉も元気にはたらくことが先決問題である。

以上、穂にデンプンをためこむ三大条件をお話してきた。要するに、穂、稈、葉が充分活動できる条件をもつことであって、その調節がカギになる。しかも、その活動には目的があることを忘れてはいけない。どの部分も若さを維持するからといって、葉や稈、根も、穂にデンプンをためこむ各自の役目をわすれて、勝手に自己主張するようでは、つまらぬ腋芽がうごきだしたり、稈が伸びて倒れたりして、イネ一家は倒産することになる。

なお、最後に申し上げたいことは、それぞれの器官が生きて活躍するということは、いかなるばあいにもエネルギーの消耗がつきもの。そのとき炭水化物がエネルギー源になることはいうまでもないが、イネが炭水化物をためこむ以上に炭水化物を消費するようになってはまったく意味がない。光不足におちいった下葉などは、やはりその生活を維持するために、光不足で炭水化物は合成しないのに呼吸だけは一人前にする。したがって、まったく米づくりに役にたたず、イネ全体にしてみれば、居候にすぎなくなる。上手なイネつくりは、この生きることと、炭水化物を生産することの組合せが非常にうまくいっていることである。

二、光エネルギーの有効利用

1、光合成能力を生かせない原因

イネは、孤立状態におかれたばあいと、群落状態におかれたばあいとでは、生産の仕組みがかなりちがってくる。イネを孤立状態でつくったばあい、周囲からは光が自由に当たるので、光合成量は葉面積のふえ方に比例して増加する。だから、葉面積が大きいほど収量も多い。孤立状態のばあいは、葉面積の拡大を規制するチッソなどの栄養が生産の制限因子となる。

ところが、群落状態になると、孤立状態とは事情が異なり、能率よく光を利用することが、たいへん重要な問題となってくる。

第30図　葉が重なると下葉に当たる光は減少する

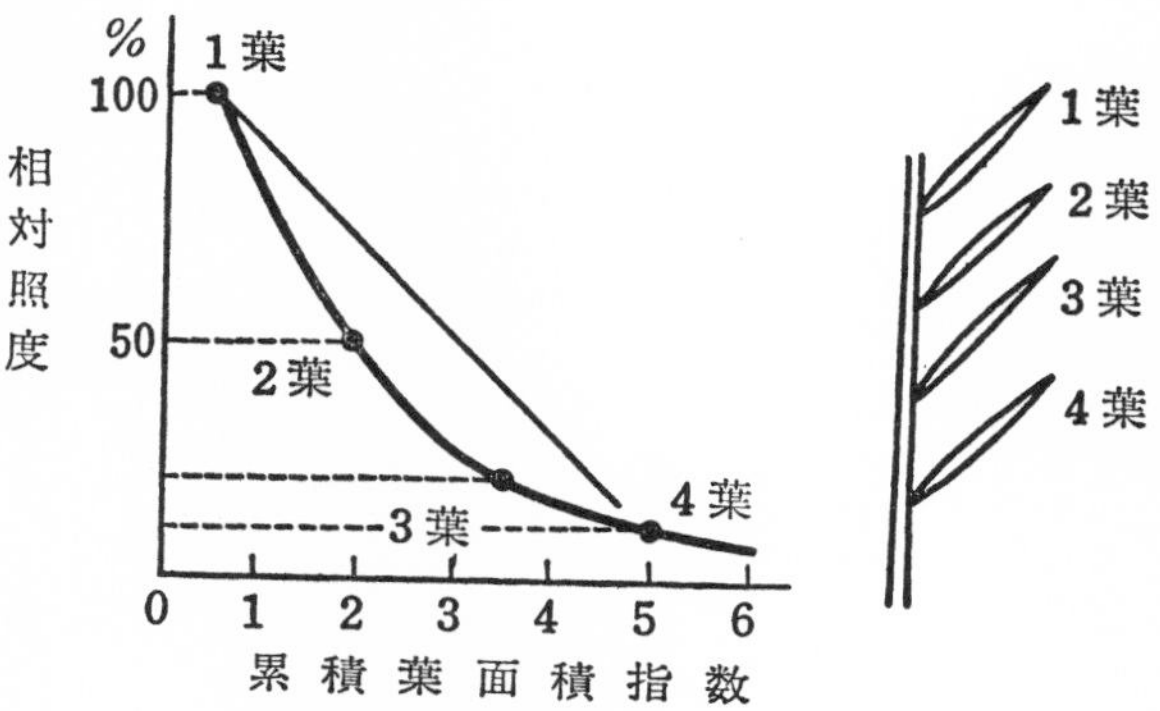

群落内の個体は、その個体のもっている最高の光合成能力を充分に発揮できない。イネ群落を真上から眺めると、葉がこみ合って、群落内の葉が重なり合っている。いま一本の茎についている葉を上から1、2、3、4と番号をつけよう。

すると、2葉の上には1葉が、3葉の上には1・2葉が、4葉の上には1・2・3葉が重なっていることになる。各葉の位置別にみると上部の葉は光をよく受けるが、下部の葉はそれよりも上の葉によって光をさえぎられるので受光量は少ない。

葉がこみ合ったばあいの群落内照度低下の割合は、フキやカラスウリのように丸形の水平葉をもったものが大きい。ススキのように細長くて直立に近い葉をもつものは、葉面積指数が増加しても、群落の内部へ光がよくとおるので相対照度の低下は少ない。

群落上面に一〇万ルクスの光がふりそそげば、1・2葉はもっている光合成能力を一〇〇パーセント発揮することができる。しかし、3葉は六〇パーセント、4葉は二五パーセントしか光合成能力を発揮することができない。

このように、群落状態では下葉ほどもっている光合成能力を充分に発揮することができず、光不足のていどが強くなる。群落上部に五万ルクスの光が与えられたばあいは1葉がその能力をフルに発揮するだけで、ほかの葉は全部光不足の状態となる。つまり、2葉の相対照度は五〇パーセントであるので、実際に受ける照度は二万五〇〇〇ルクスとなり、七〇パーセントていどしか実力が発揮できない。3・4葉についてはさらに光不足のていどが強化され、光合成能力が抑圧される。

葉面積指数が増加しても、群落全体の光合成が増加しないのは、上層の葉によって光が吸収されてしまい、下層の葉は極端な光不足となってその能力が抑えられるか、あるいは呼吸作用を行なってマイナスの作用をするからである。葉面積の増加が群落光合成の増加に結びつくためには、群落の下層まで光がとおるように、くふうしなければならない。

2、葉面積が多くても光合成量はふえない

実際に葉面積指数と群落光合成との関係をみてみよう。

葉面積指数とは、葉面積を土地面積の倍数であらわしたものである。葉面積指数三というのは、水田一〇アールのイネの葉面積を合計すると三〇アールになるということである。

日射が多いばあい（一・〇カロリー）は葉面積指数六くらいまでは光合成が葉面積に比例して増加しており、それ以上は頭打ちとなっている。ところが、日射の弱いばあい（〇・二五カロリー）は葉面積指数三くらいまでしか、葉面積と光合成は比例しない。そして、四以上になると、だんだん光合

成は低下する。

このように、一定の日射の下で、最大の光合成を含む葉面積がきまっている。最大の光合成を営む葉面積を、光合成の最適葉面積指数と呼んでいる。この最適葉面積指数は日射の強さにより異なり、弱い日射の下では低い最適葉面積、強い日射の下では高い葉面積指数の側へ移動する性質を持っており、決して固定されたものではない。

日射量は一日のうちで正午付近が最も強く朝夕は弱い。また、曇天と晴天とによっても異なる。そのために、光合成の最適葉面積は時々刻々と移動していると考えるべきである。天候がよくて強い日射が与えられたばあいは、葉面積指数が四よりも七のほうが光合成量が多い。ところが、日射の弱いばあいには、葉面積指数は四が最も有利であり、葉面積指数七は過繁茂になったりする。

以上のような関係があるので、天候のよい年は繁茂しても生産量は低下しないが、日射不足の年は日射の多い年と同じ葉面積指数でも過繁茂となり生産量は低下するのである。葉面積指数が最高になるのは穂ばらみ期であり、この時期に過繁茂となり、炭水化物の生産量がへると、稈を形成する物質が不足するので倒伏に弱いイネとなる。葉面積指数が四以下では、できるだけ早く葉面積指数を大きくすることがたいせつである。生産初期は葉面積不足の段階であるから、それを解消する対策をたてることが大切である。

3、初期の過繁茂防止と光利用の効率

日本のイネの平均収量は、明治一五年に一・二石、大正一一年に一・九石、昭和一三年に二・〇石、そして三五年には二・七石となり、現在では明治時代の二倍以上にのびてきている。とくに寒冷地のイネつくりとその増収技術は、世界にほこるものがある。

その原因は、皮肉にも、ある意味では肥料を与え青田つくりをしてきたことにある。そこで青田つくりをさけようと話してもなかなか納得していただけない。もっとも、私たちのイネが北へ北へとのびてきたのは、単なる青田技術ではなく、しっかりした合理性があってのことである。

私たちの先輩は、栽培期間の短い東北、北海道で、いかに収量を上げるかに懸命の努力をはらってきた。それには品種改良、肥料管理とあらゆる手をうってきたが、その目標とするところは、寒いところでいかに早くからだを大きくして、充分な穂をつけるイネをつくるかにあった。これを一言でいえば生育促進技術といってよかろう。早く大きくして勝負するには、苗にたくさんの養分を与えること、元肥をたくさんやること、また、密植にしていくらかでも早く茎数を確保すること、であったことは、これまでの資料が有弁に物語っている。

しかし、幸いなことに、冷涼な気候であるために過繁茂にはなりにくく、生育を促進すればするほど出穂後の光の利用率が高まってきた。これがイネ北進の一つの原因である。ところが、この生育促

進技術が完全になるにしたがって、光利用の効率のよい時期もまた早まるようになり、逆に過繁茂の害があらわれてきたのが現状である。「四石の壁」という言葉もこの辺の事情を物語っていると思う。

こう考えてみれば、過繁茂を防ぎ、光の利用率を出穂期にあわせることは、いきすぎた生育促進技術を少しあとにもどすことということになる。つまり、初期生育を昔と反対におさえることになる。

読者は疑問に思うかも知れない。それではイネつくりが逆もどりして、収量はさがりはしないだろうかと。しかし、決して逆もどりにはならない。古い時代における苗代づくり、初期生育期間の長い晩生のイネ、有機質肥料といった条件のもとで初期生育をおさえることとは、まったく問題が別になる。

いずれにしても、過繁茂を防ぐ手としては、元肥をひかえること、水の管理をよくして徒長を防ぐこと、しかも、根の張りをよくして出穂期以降に根の活力をおとさないこと、葉の色にまどわされて、追肥をやりすぎないこと、伸長期の葉の茂りを防ぐために並木植えにすること、以上のような点を注意してゆけばまちがいない。この様子を精農家たちは、生育の初期のイネは小型のイネにするとか、貧弱なイネとか、みばえのしないイネをつくること、などといっている。ことわっておくが、山間避地で、いまだに充分な茎数を確保できない場所で、初期生育をおさえることは困る。そのときは、従来の多肥栽培方式ばかりでなく、栽培密度も高くして、生育を促進することが先決であり過繁茂をさける考えは、そのあとにしたい。

ところで、出穂期前四〇日ごろまでみばえのしないイネをつくったら、穂も小さく、粒数も少なくなって結局収量がおちるのではないかと心配するかと思う。もちろん、葉のはたらきのところでのべたように、葉が小さければモミの数も少なくなる。しかし、それが逆に、秋の登熟をよくする原因になる。

では、生育の初期にみばえのしないイネに育てると、米つくりにどんな利点となってあらわれてくるかを一つ一つ考えてみよう。

穂にデンプンを送りこむカラクリの説明で、穂に送られるデンプン源としては、葉の光合成によるもののほかに、出穂前に稈にたくわえられていたデンプンがかなりあることをのべた。しかもばあいによっては、五割ちかくになることがある。イネが若いころは、葉鞘にデンプンをためる。ついで稈が伸びると、葉鞘のデンプンは稈に移って、稈にデンプンがたまってくる。そして、穂がでてしまうと、こんどは稈のデンプンがへって、そのデンプンが穂に送りこまれる。デンプンが葉鞘から稈へ、稈から穂へと生育がすすむにつれて橋渡しされてゆく。

ところで、出穂前に稈にたくわえられたデンプンの量とそのデンプンが穂に移る割合は、イネのつくり方でかわってくる。一つにはチッソ肥料の吸い方でちがってくる。第31図にその関係を示した。つまり、チッソ吸収量が少ないほど稈にためたデンプンは多く、しかも、穂にうつる率も大きい。初

第31図　デンプンの転流とチッソの吸収量との関係

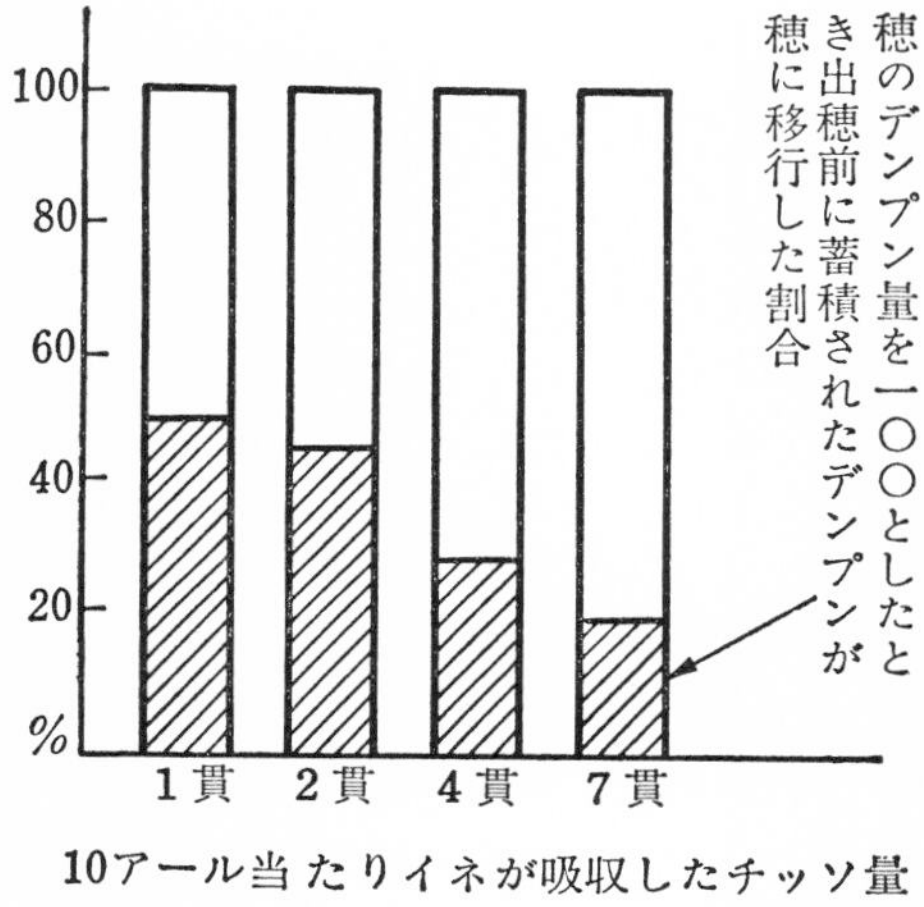

期生育をおさえたイネは、出穂前にかなり穂づくりのデンプンを準備していることになる。そうなれば、出穂後の葉のはたらきの負担がそれだけ軽くなる。これが一つの利点である。

4、登熟期間の長短と蓄積量

登熟期間は、早生系統の品種ほど短く、穂の小さいものほど短い傾向がある。ふつうは、登熟期間の転流が順調なら四〇日くらいあれば充分なはずである。

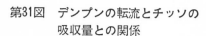

登熟期間は長いほうがよいかどうかは、そのイネの育ちぐあいによってちがう。かりに出穂してから四〇日後に坪刈りし、同じ場所を五〇日後に刈ったばあい、能率のよいイネはワラ重もモミ重も増加してくる。しかし、消耗のはげしいできすぎのイネではかえってへってくるばあいがある。また、ふつう四〇日で六〇〇キロとれるイネが、なんらかの理由で三〇日で刈らなければならないばあいは四五〇キロしかとれない。

早期栽培のように登熟期間が暖かい時期にあたるところでは登熟期間は短く、秋の温度の低い地帯では期間が長くなる。いずれにしても、四〇〜五〇日で登熟するようなイネの素質につくることであろう。かりに秋天気がわるく日照不足のときには、あるていど時間でかせぐような結果になるが、これもイネの素質がしっかりしていなければ、時間がくれば枯れてしまう。

穂に送りこむ力と穂が吸いこむ力によって登熟力がきまり、登熟の期間は、その年の天候によってイネが天候にあわせていくような仕組みと考える。したがって、登熟期間は長いほうがよいといっても、それは結果論にすぎないのである。

秋天気のわるい地帯で、日照が不足ぎみだと登熟がわるいと考える人が多い。たしかに、秋天気のよい年のほうが、収量の多いことがあるからだ。しかし、最近のように七〇〇キロ以上もの収量を毎年安定してとるようになると、収量は秋の天気のよしあしだけによるものでないことがわかる。

秋天気がわるい地帯だといっても、登熟が停止するほどの光線不足ということはありえない。少ない日照を有効に使うようなイネに育っていれば、七〇〇キロ以上登熟させる光線は充分すぎるほどある。それには、登熟期の受光体制のよいイネにして、少ない光線を効率よく受けとめるようにすること、それに、いつまでも活力のある葉を生かし、枝梗やモミが老化しないようなイネをつくることである。つまり、姿勢と時間で日照不足をカバーすることである。

出穂三〇日前の姿が炭水化物の蓄積の多いイネに仕上げてあったら、その年の天候に左右されることなく、毎年同じような高収穫がえられるはずだ。それが、しっかりした土台づくりがしてないために、秋天気のわるいときには、登熟力はおとろえるし、時間でかせごうにも長期間活力のある葉や穂を維持することができない。結局、わずかな期間で勝負がきまることになり、そのときの天候しだいということになる。

Ⅳ　作期と品種

1、全体の生育期間と登熟期間

イネつくりの全体の計画を考えるとき、出穂から登熟をどの時期にもっていくかも問題である。一口にいえば、晴天のつづく時期にもっていく。つまり光を有効に利用できる条件をつくることだ。また、登熟期間を短くすることは、光の絶対利用量を少なくすることであるから、収量を高めるねらいどころは、いかに登熟期間を長くするかにかかっている。だから、期間を短くしたいなら、出穂までの期間を短くすることだ。実際に早生種のよい品種は、全体の生育期間は促進されているが登熟期間は長い。だからとれるわけだ。

いいかえれば、早生種は出穂前の生育期間が短縮され、小型のイネに育っている。

一般に、多収を上げようと考えるばあい、全体の生育期間を長くして収量を上げようと考える。しかし、よくとれるイネはふつう全体の生育期間が長いことよりも、登熟期間が長いことによるばあいが多い。だから、生育期間を長くするというよりは、出穂前の期間を短くし、その分だけ登熟期間を長くすると考えるほうが本筋である。

極端な話をすれば、実際に収量とむすびつくのは、出穂時に生きている葉であり、それが四、五枚だったとしてもその葉に活力があり、長生きして光を充分利用してくれれば稔実のよい穂ができるのだから、それ以前の生育過程は、短くてもかまわないわけである。ただし、でた葉があまり小さくては枚数だけあっても同化量は多くならないが、あるていどの大きさに育てることができれば、全体の生育期間の長短は問題にならない。かりに、品種改良がすすんで、小さな葉であっても非常に光合成能力の高い性質のものができたとすれば、葉面積が少なくてもかまわないことになる。また、小さなイネであれば、密植して葉面積を確保しても過繁茂にならない。

だれもが多収をねらって早植えをし、生育を促進させて、前半の体制をととのえて収量を上げようとしてきた。その効果はたしかにあったが、現在は生育期間が必要以上にのばされていると思う。人が五月二〇日に植えれば、おれは五月一〇日植えというふうに早植えのトップ争いをやっている。はたしてどれだけの意味をもつのだろうか。

一般には、早植えによって栄養期間を長くし、それがこうじて前半の体制をくずし、過繁茂が原因して実際には収量が上がらない例が多い。むしろ、過繁茂をさけ、よい体制にもっていくとしたら、栄養期の生育期間を短くしたほうがよいくらいである。

とくに感光性の強い品種などでは、ある一定の日長にならないと穂をつくらない性質があるから、その条件がこないうちは、いつまでも栄養繁殖をして、穂をつくるからだができあがっても条件がととのうまで穂をださない。このとき、あまりその期間が長いとイネは遊ぶというか、休んでしまう。遊ぶ期間が長ければエネルギーのロスがそれだけ多い。もっとも理想的なのは、必要な分けつ数がそろったら、分けつが止まり、あまり間をおかずに幼穂の分化がはじまり、その間に遊びの少ないのがよい。

作期というのは、理想的には短ければ短いほどよいわけで、長い必要はないわけである。短いことの利点は、生産性が高いことと、植える時期に限定がないから、いつ植えてもよいことになる。春先寒いときにむりをして苗代をつくり、秋口は寒さの危険をおかしてまで生育を長くすることはない。裏作など輪作体系も容易になる。こんな面から考えても生育期間を短く、しかも多収することがわれわれにとっての理想でもあるわけだ。

2、栄養生長の適当な期間

田植えから出穂三〇日前までの期間は四〇日くらいである。この期間は基本になる栄養生長期間なのでたいへん重要である。

イネの一生のなかで、もっともたいせつな時期は出穂三〇日前ころの穂首の分化期である。穂首分化期を目標にイネの姿、からだの栄養状態を最良にもっていきたい。このときに、肥料切れ状態になったり、あるいはチッソ過剰の状態になったのではいけない。つまり、チッソが過剰でもなく、不足でもなく、炭水化物の蓄積の多い姿にもっていく必要がある。そして、この状態のままで、分けつもしてこない、草できもしてこない状態が維持できれば、イネはより充実したものになっていく。

分けつもしてこない、草できもしてこない、そんな状態で経過すればよいのだが、それには、よほどよい土地で肥料分が緩慢に効く耕土の深い水田でなければ、長期間維持することは困難である。維持させようとして、チッソでつないでいこうとしても、草できなり分けつを刺激して過繁茂ぎみになる。やりすぎてはいけないと思っていると急激に肥料切れをおこすなど、ふつうの地力の水田ではその維持はたいへんにつらい。つまり、チッソの効き方が問題で、効き方をうまく調整してくれるようなよい土であれば、栄養生長期間はあるていど長いほうがよいことになる。

ところが、早植えを実行して、田植えから出穂三〇日前までの期間を五〇日に引きのばしたとする。すると、元肥チッソ量が少なかったばあいは肥料切れをおこす。分けつをぶりかえさないように、しかも肥料切れがそれ以上すすまないように、追肥でつないでいかなければならない。このつなぎの肥料はたいへんむずかしく、へたをすると分けつをぶりかえし姿をくずすもとになる。

なんのためにこんなところに神経を使うのか。苦労してつなぎの追肥をうまく使ったとしても、葉が一枚ふえるくらいのものだ。品種の特性としては、葉が一六枚のものでも、栄養生長期間が長くなることによって、葉の数がふえる。しかし、葉の数を一枚ふやしても、それが増収に結びつくとはかぎらない。

田植えから出穂三〇日前までの期間を長くして、元肥のチッソ量が多いと、手がつけられないような過繁茂になる。茎数のふえる期間が長びくのだから当然である。したがって、栄養生長期間はせいぜい四〇〜四五日くらいが適当と考えている。

第32図　早晩性と栄養生長期間

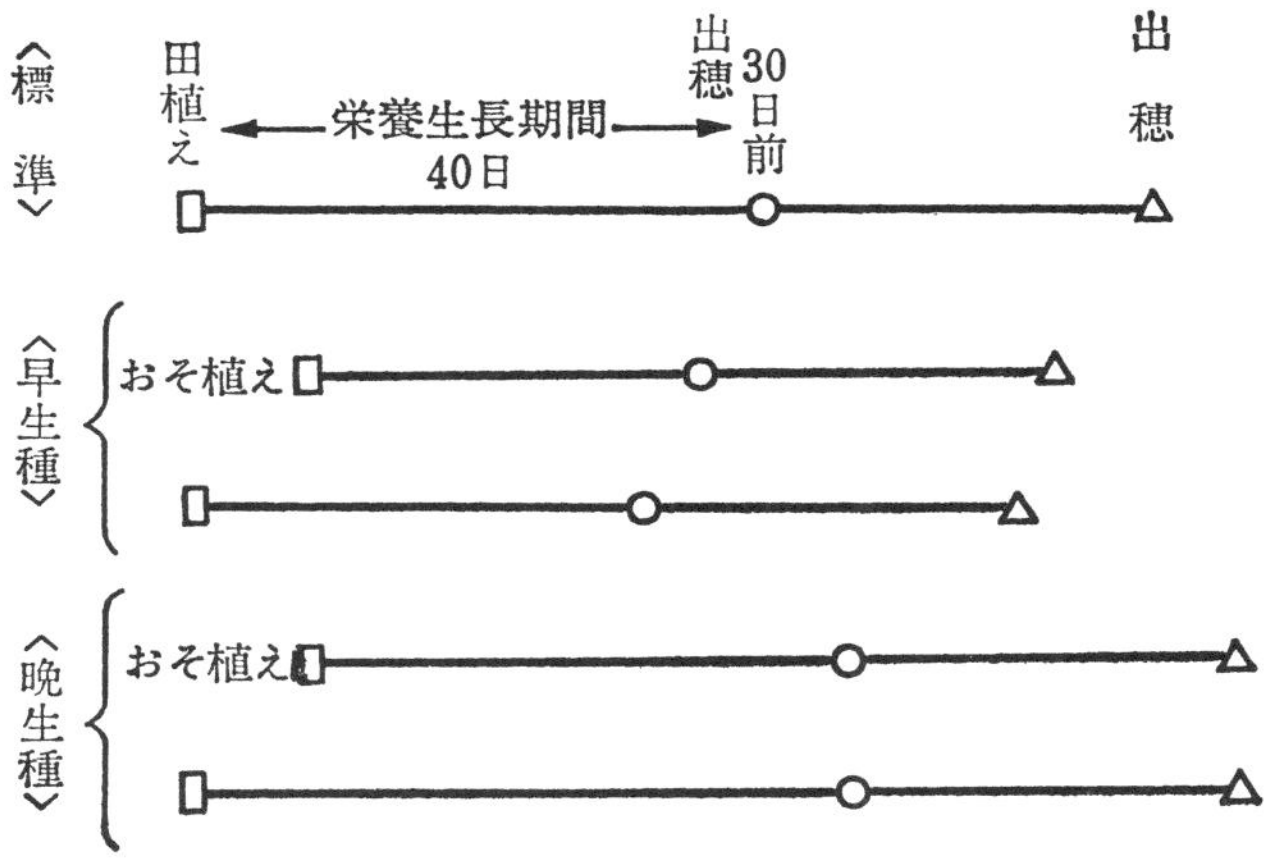

第33図　つくり方と栄養生長期間

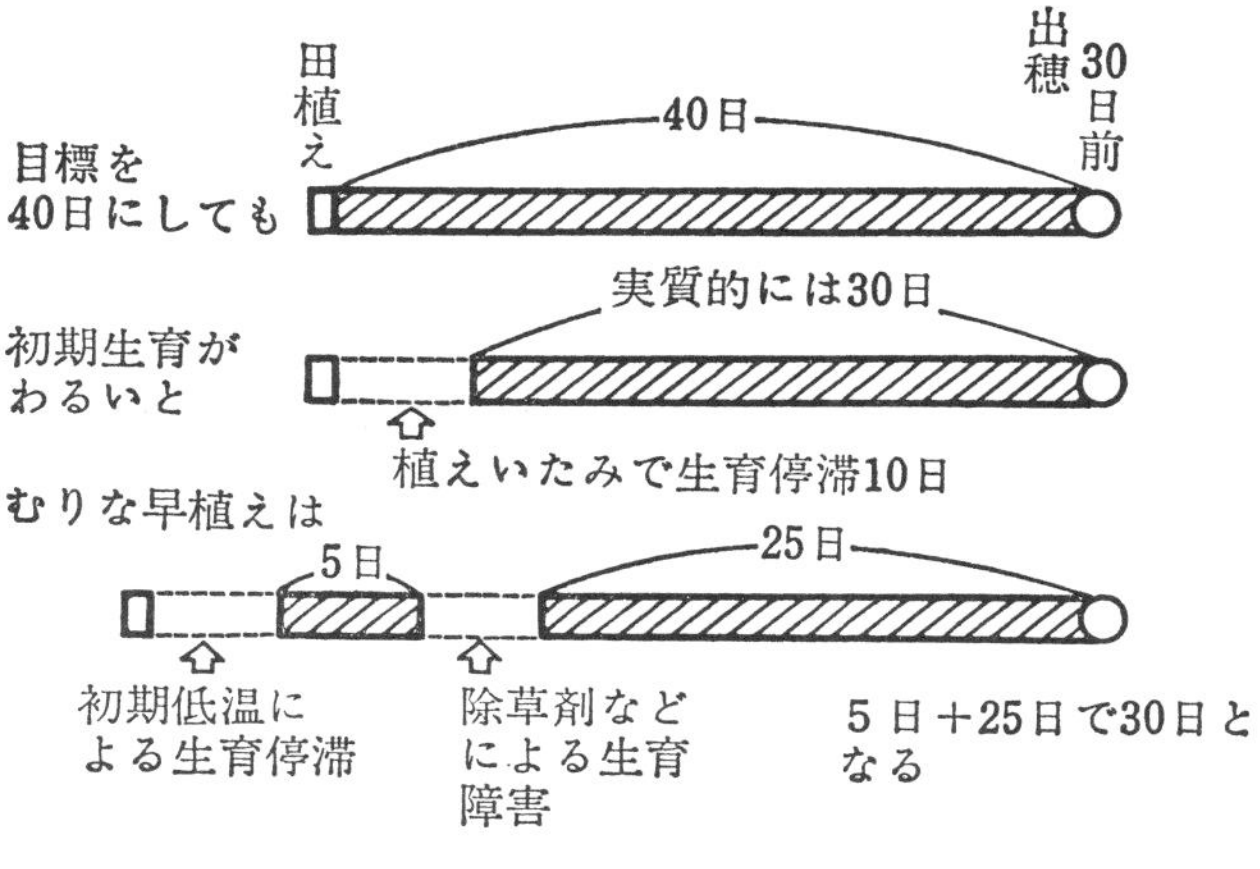

栄養生長期間でもう一つたいせつなことは、せっかく期間は理想どおりとれたとしてもその間の生育が順調でなければならない。そこで問題になるのが、除草剤による障害である。植えつけ後、活着が順調で、生育停滞の期間も少

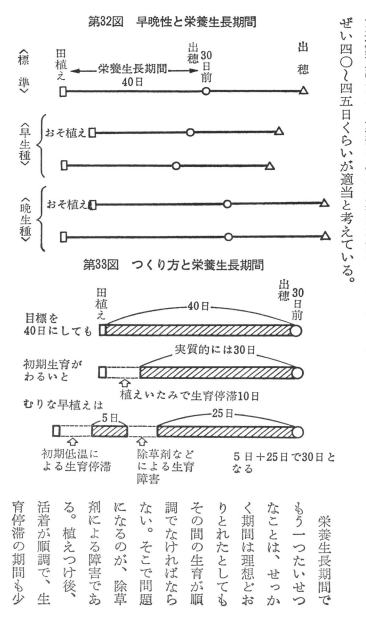

なく生育をしているばあいを標準にした期間であるから、生育停滞をおこすようであれば、かりに四〇日あったとしても実質的には三〇日だったりする。

3、品種と栄養生長期間

栄養生長期間の確保のむずかしい寒冷地では、苗つくりなどをくふうして早植えし、四〇日間の確保に近づけるよう努力することは、積極的に増収にむすびつく。そのために、活着のよいビニール畑苗代を使ったり、初期生育を停滞させないような水管理などが必要になってくる。

品種の取り入れ方について例をあげてみよう。この農家では、日本海・こしみのり・千秋楽を取り入れている。このそれぞれの品種の田植えから出穂三〇日前までの期間をくらべてみると、日本海で三〇日、こしみのりで四〇日、千秋楽で四五日間となっている。

このばあい、問題になるのは日本海で、田植え時期が早められる条件がないとすれば、日本海をえらんだのはまずかったのではないか。どうしても日本海にするならば、田植えを一〇日ほど早くして栄養生長期間を四〇日くらいにもっていくように考える必要があろう。一方、こしみのりの四〇日は適当だとして、千秋楽の四五日はどうだろうか。早生種と田植え時期が同じなら、栄養生長期間が長すぎて肥料切れをおこしやすくなるから、土地がよいか、肥料の効かせ方をうまくやれるか、苗の素質がよいなどの条件をつくっておかないと、かえって結果がわるくなることも考えられる。

第34図　品種と栄養生長期間

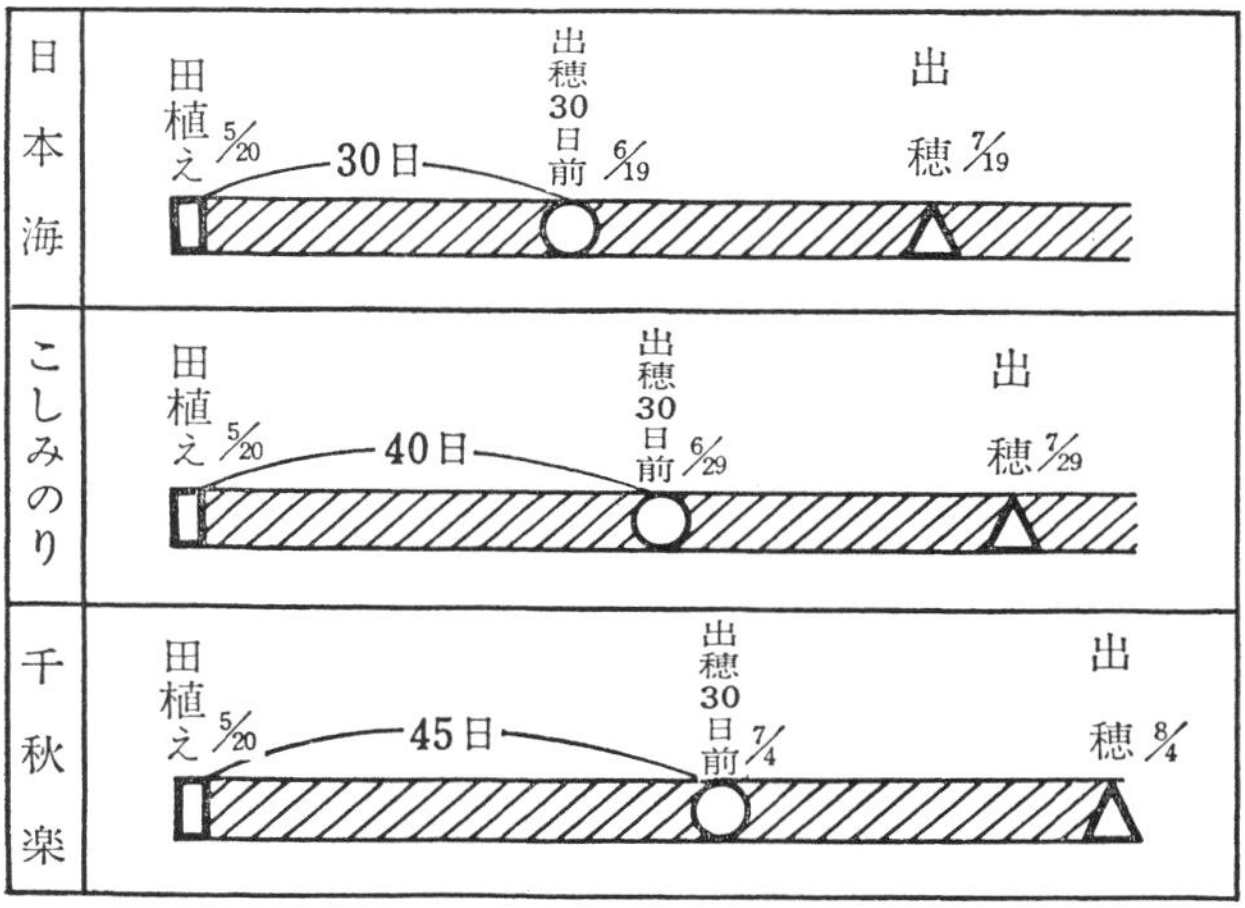

また、関東地方のようなところで極端な早植えをすることは問題で、寒地イナ作と暖地イナ作が混合しているような状態になっている。むしろ、東北などよりはおそく植え、苗代期間も四〇日くらいで育苗し、苗令も六・五〜七葉ていどで植えたほうがよい。

栄養生長期間が三〇日以下のような栽培の仕組みは、どんなことをしてもとれない。裏作の関係で田植えがおそすぎて栄養生長期間が短くなるなどの例である。裏作などがあっておそ植えになるばあい、考えなければならないことは、栄養生長期間が短くなるのだから、品種は晩生種をえらび、どちらかというと穂数型を取り入れることである。苗の素質としては、植えつけ当時の発根がよく、植えいたみによる生育停滞の少ないもの、また薄まきにして分けつのあるものにする。

Ｖ　本田準備と施肥

一、土壌条件と地力

1、地力と堆肥

日本の伝統的なイナ作技術は、堆肥を充分に施し、土壌中の有機物をふやし、深く耕すことによって作土層を厚くしてきたのである。つまり、深耕と堆肥を土台に、その上にたって多収技術がきずかれてきたとみることができる。

堆肥を一口で表現すれば、ワラや草などの有機物をくさりやすい状態にして土に施すものである。その結果、土壌中には土壌微生物の栄養源である腐植が増加する。有機物がくさるということは、すべて微生物のはたらきである。もともと、ワラなどの有機物は、光合成によってつくられた炭水化物が主成分であるが、それにチッソ、リンサン、カリなどの肥料分が一定の割合で含まれている。微生物は有機物を栄養源として生きており、われわれがご飯を食べるように、有機物を糖類に分解して体内にとりこみ、エネルギー源として利用している。

有機物は微生物に利用しつくされて最後には炭酸ガスと無機元素（肥料分）とにばらばらにされてしまう。植物はこの無機元素を肥料として吸収するのである。いってみれば、堆肥は作物に必要な肥料分をすべてむりのない形で含んだ超緩効性肥料のごときものである。

土壌の中にはものすごい数の微生物がいるが、それらが活動するには一定の条件がそなわっていなくてはならない。その条件を列記してみると、つぎのとおりである。

①酸性条件だと活動がおさえられる。だから、土壌の酸度を矯正する必要がある。

②原料であるワラの炭素率（炭素とチッソの割合）が高いと、微生物は作用しにくい。堆肥をつくるときにチッソを加えるのは、炭素率を低めて約二〇くらいに近づけるためである。

炭素はタンパク質にもセンイ素にもたくさん含まれている。一方、チッソはタンパク質にだけ含まれている。タンパク質だけについていうと、炭素はチッソの三倍くらい。イナワラや落葉などは炭素がチッソの五〇〜七〇倍もある。緑肥は一〇〜一五倍くらい。土の中で分解していくばあいに、ちょうどつりあいのとれているのは、二〇〜二五倍くらい。炭素率がこれより低ければ、チッソ肥料としての効果がある。

③低温だと微生物の活動がおさえられ、有機物は分解しにくい。冷蔵庫に食物を入れるのは、微生物の活動をおさえるためである。

④酸素不足だと微生物の活動がおさえられる。カン詰は真空にして酸素を除き、微生物の繁殖をお

さえている。

実際の農業の場では、畑土壌のほうが水田土壌よりも酸素が多いので、堆肥の分解がはるかにはやい。水田では、有機物の分解が酸素不足のためにおさえられている。

いま述べた四つの条件をよく頭に入れてからでないと、堆肥の有効な利用はできない。とくに、水田では水のかけひきによって堆肥の効果がちがってくる。地力を引きだすのもむだにするのも、すべて水のかけひきだということを肝に銘じてほしい。

ここで、堆肥とイネとの関係を具体的に考えてみよう。いったい、堆肥がなければイネはどうなるのだろうか。ずばりお答えすれば、堆肥がなければ登熟期の生産力が低下するのである。

地力のない水田では、登熟期に追肥をくりかえし施しても、葉身のチッソ濃度の低下を防ぐことはできない。葉身のチッソ濃度の低下、これが光合成能力の低下と葉面積の不足をきたした最大の原因である。

登熟がはじまると、体内各部位の養分は穂に移行して集積するので、吸肥力のおとろえたイネでは、葉の生命を維持するに足りるだけの養分を確保できない。そこで葉が急激に枯れ上がり、登熟期間に葉面積の不足がおこるのである。それらが総合されて登熟期間の群落光合成能力が衰退し、炭水化物の生産量がへり、結局、登熟歩合が低下する。

それでは、堆肥を施すと、なぜそれが根の老化防止に役だつのか考えてみよう。

第35図　堆肥のチッソの効き方

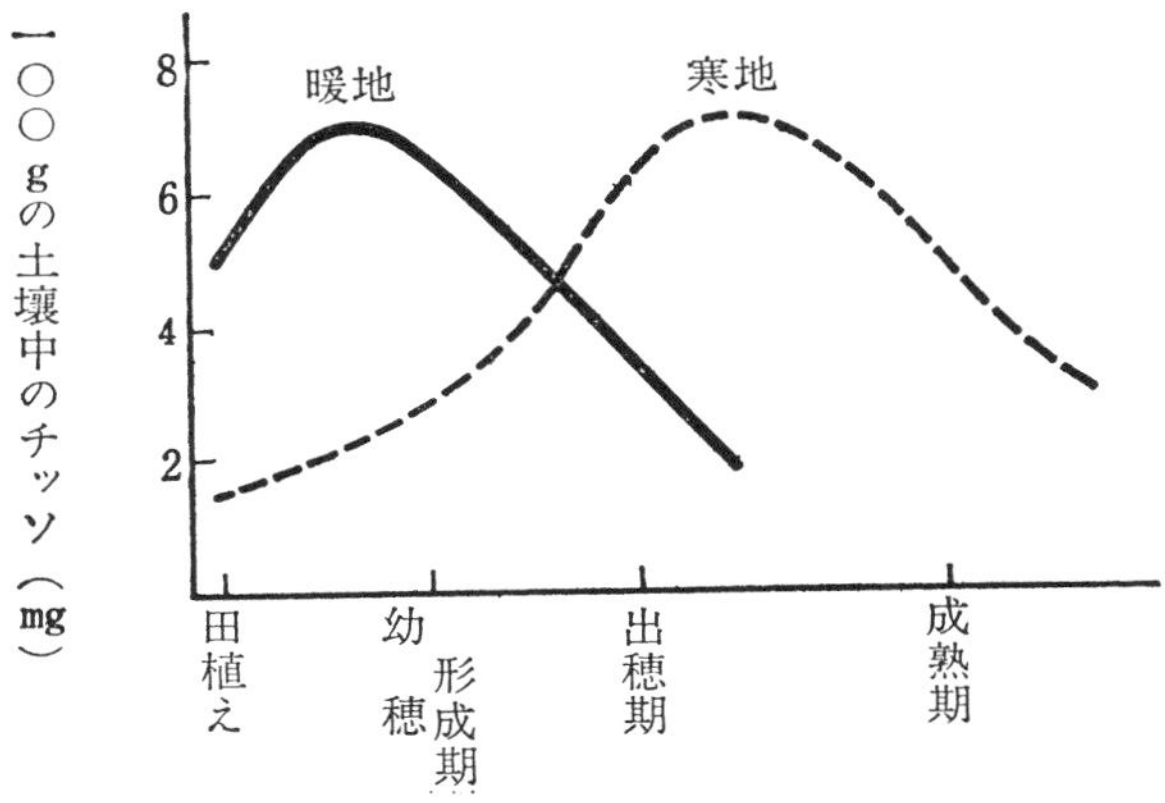

堆肥は化学肥料とちがって、微生物の分解作用を受ける期間だけ肥効がおくれる。それが期せずして後期追肥の役割をはたしているのである。地力のある水田のイネがあとできするのも、このようなわけである。ただし、堆肥がいつでも登熟期に肥効がでるとは限らない。

第35図は、同じ土壌でも暖地と寒地で堆肥が分解して放出されるチッソ（地力チッソ）量の消長のちがいを地温から推定したものである。一見してわかるように、地力チッソは寒地では登熟期追肥の役割をはたしているが、暖地では最高分けつ期に肥効があらわれるようになっている。暖地のように推移すれば、化学肥料の肥効と堆肥の肥効がだぶって、無効分けつがふえるので、本来の堆肥の効果が消されている。

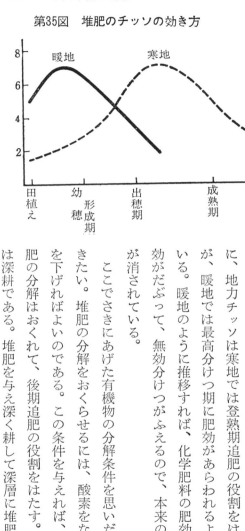

ここでさきにあげた有機物の分解条件を思いだしていただきたい。堆肥の分解をおくらせるには、酸素をなくして温度を下げればよいのである。この条件を与えれば、暖地でも堆肥の分解はおくれて、後期追肥の役割をはたす。その条件とは深耕である。堆肥を与え深く耕して深層に堆肥をすきこんでやると、地温が低く酸素不足の環境に堆肥を置くことにな

る。このことによって、後期追肥と深層追肥との二つの相乗効果が発揮されて、多収穫を実現しているのだ。

だが、堆肥の効果を高めるには、水のかけひきがともなわなければならない。堆肥を多用して、水を張りっぱなしにしたのでは、土壌はたちまち還元状態になり根ぐされをおこす。また、乾かしてしまったのでは、酸素が土中に一時にはいって堆肥の分解を促し、急激に肥効があらわれる。これをさけるくふうが飽水栽培であって、これは地力のある水田の水管理として、ぜひとも採用したい方法である。

「なにも堆肥をやらなくとも、化学肥料の登熟期追肥か深層追肥でよいではないか」という意見もある。ところが、イネの根の立場にたてばそれはちがうのである。第一に、追肥は土壌の表面にしか与えることはできない。第二に、深層追肥だと全部の根に施肥することはできない。

第36図に穂ばらみ期以後の根の分布位置を発生節位別に示してある。表層に追肥しても第一節根か、せいぜい第二節根までにしか肥料を与えることができない。幼穂形成期に深層追肥をやっておくと、第三、第四節根に施肥するので、根の老化を防ぐ効果がある。

作土層全体に堆肥があれば、それから放出されるチッソによって、全部の根の老化を防ぐことは、一目でご理解いただけるであろう。

いままで堆肥の効果をチッソだけに限定して話をすすめてきたが、堆肥の分解過程でチッソだけでなく、植物に含まれるすべての無機物が（微量要素まで）イネに利用されるということをつけ加えておかなければならない。しかし、チッソ以外の無機物は土壌の成分としてもかなり含まれており、実際に最も大きく生育を左右するのはチッソであるので、チッソを中心にすえて考察してきたのである。

第36図　各節位から発生した根の分布

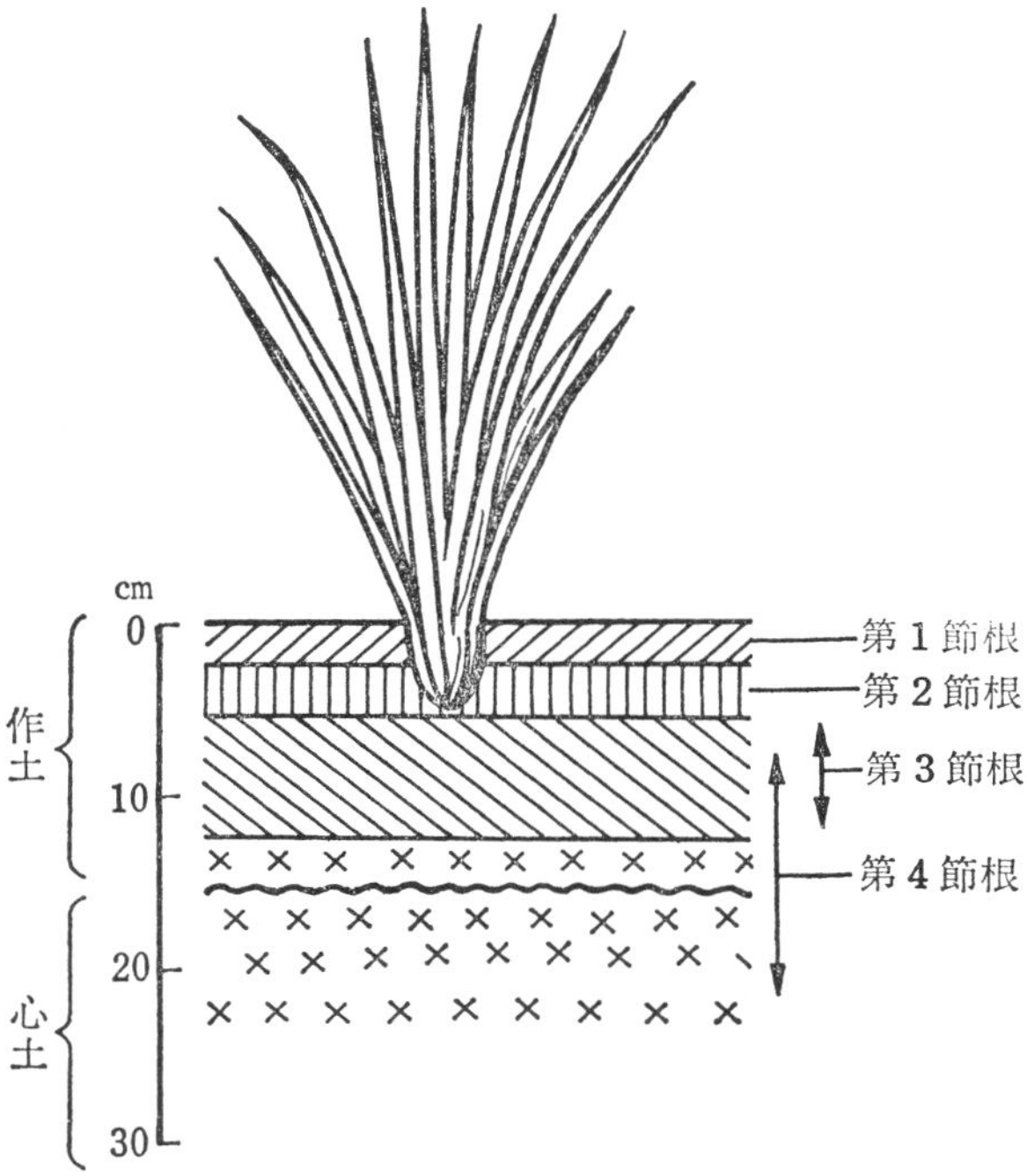

堆肥が土壌で分解されるということは、いいかえれば微生物に利用されるということである。微生物自身は、堆肥の持つ有機成分を食物としてエネルギーを摂取している。つまり、堆肥を糖類にまで分解して、それを自分の体内にとりこんでいるのである。

もし、土壌中で堆肥が根と接触していながら微生物の分解作用をうけるとすれば、糖類は根に利用される可能性が濃くなってくる。

堆肥にからみついた根が異常なほど

健全であることから、わたしたちは堆肥が無機物だけでなく、有機物も根に与えているのではなかろうかと想定される。もし、土壌中で堆肥から糖類が与えられるとしたら、深層に分布する根の呼吸は活発化して、養水分の吸収にたいへん役だつようになる。

このような立場からも、堆肥の役割を見なおす必要があるが、現在のところ、堆肥の役割としてはっきりいえることは、登熟期追肥と深層追肥の二つの役割を同時にはたしており、そのように作用させたときに最大の効果を発揮するということである。

2、土地の性質を正しくとらえる

イナ作では、土地の条件を非常に重要に考えていて、土地がわるければどんなに努力しても限界があるなどと宿命的に考えている人が多い。どんなにわるい条件の水田でも、欠陥が大きければ長所も大きく、欠点があらわれないようにして長所を生かすのがイナ作技術であろう。

粘土地と砂地とを比較してみると、粘土地では肥もちがよすぎるので、初期生育はおくれがちになり、砂地のほうは養分の保持力が弱く、養分を早くはなしてしまうので、初期生育はよすぎて過繁茂になりやすい性質をもっている。しかし、こうした土の性質からくる育ち方のちがいは、肥料の種類や施肥する位置などをくふうすればかんたんに解決できる。

粘土地は肥もちがよいために、生育初期に効きにくく、分けつ盛期から幼穂形成期にかけて効きだしてくるくせがある。そんなところで初期生育がよくないからといってチッソを多く施したりすると、チッソのもちこしで失敗する。このような水田では、チッソの量を少なくすると同時に、生育初期に肥効がでるように、速効性の肥料を表層に施すようにすればよいことになる。

一方、砂地のような早できしやすいところでは、速効性のチッソを使うと、ますます早できを助長することになり、早できを調整しようとして施肥量を少なくすると、早めに肥料切れをおこす。こんなところでは、遅効性の肥料をできるだけ下層に入れるようにすれば、初期生育がおさえられ分けつ盛期も順調な肥効で経過し、生育する姿を正常にすることができる。

このように、肥料の種類・施肥位置をかえることによって、砂地であろうが粘土地であろうが同じに生育をさせることができる。

火山灰土は酸性腐植が多く、くさりにくいことと、リンサン吸収力が強いためにリンサンが不足しやすい。火山灰土と同じような理由でやっかいなのは赤土である。このような土壌には、リンサンを多量に施すのはもちろん、過石のような水溶性のものより水にとけにくいく溶性の熔成燐肥のような肥料を使う。

リンサン不足の水田では、リンサンが多量に施されていても、田植え直後のイネがまだ小さく根も伸びていないときにリンサンを吸収させるのは容易ではない。そこで、苗の時代にたくさん吸収させ、イネのからだにたくわえて植えつけるようにする。

表面にふつうの土壌があって、耕土の下に火山灰土なり泥炭土なりがあったばあいは、ちょっとやっかいである。肥料は耕土の部分に施されていて、その分が出穂四〇～三〇日前までに吸いつくされたときに、根が下層を通るあいだ一時肥料切れのような状態になる。根が、この層をつき抜けるあいだだけ肥料切れするのを知らずに追肥などを施すと、下層の腐植の多い土壌にはいったと同時に土中のチッソが効きだして、できすぎのイネになることが多い。

このような土壌のばあいには、下層にすこしでも早く根をおろすような処置をとる必要がある。ふつう湛水状態にしておくと根はなかなか下層におりないで、伸長期にはいってから下層にはいるので急激に伸長して倒伏したりする。だから、早めに湛水状態をやめ飽水状態に切りかえることである。

このように下層に腐植の多い火山灰土や泥炭があるようなところでは、根がどの時期にその層に達して肥効がでるのか、肥効のあらわれ方、地温などの影響を考えなければならない。夏季地温の高くなるような年には肥効も強くでるし、悪性ガスの発生も多くなる。こんなときには、早い時期に根を下層におろすくふうをしたり、地温を下げて急激な肥効をおさえるなどの処置をとる。

湿田だから収量が少ないというのはまちがっている。強湿田で、田んぼにはいってゆさぶると、全体が動くような感じのところでも、ふつうの水田と同じような収穫を上げることができる。

湿田のばあいは、地表面に水がないようにしておくこと、これによって土の中に酸素が積極的にはいるとは考えられないが、水を取り除くことによって、土の中の悪性ガスを抜くことはできる。

堆肥は腐熟のすすんだ質のよいものを使って、ガス発生を少なくし、火山灰土と同じように微生物を補給してやり、土中の腐植の分解を順調にさせるつもりで施す。

土地条件の中で一つ考えておかなければならないのは、地下水の位置と水温の問題である。地下水が高く、耕土のすぐ下に地下水があらわれるようなところで、しかも、水温が低く一〇度以下になるようだと、根の発育が非常にわるく、根が地下深く張らずに株が浮いたようなかっこうになり、養分吸収もストップ状態になってしまう。このように地下水温が低いと、どうにも手のほどこしようがなく、暗きょ排水でもして地下水を抜いてしまう以外に方法はない。

二、耕起・整地・代かき

1、耕　起

増収するには深耕がきわめて大切である。土がよく乾くことも大切である。土がよく乾くことは、土の中にたくさんの空気を含むことになるし、代かきのとき土のこなれがよく、早くドロ状になり、苗の活着がよくその後の育ちをすすめる。また、下層土に割れ目ができて空気や水のとおりをよくするし、根が深く伸びるのにもつごうがよい。

土が乾燥すると、土の中にねむっていた養分が効くようになり、しかも効きめは土の中全体に平均しているから、やわらかく長効きする。

動力耕耘機を使うばあいは、耕耘前、土を充分に乾燥して大きな割れ目をたくさんつくってから行なったほうがよい。

東北または裏日本の積雪地帯や、冬に雨が多くて土の湿っているところでは、その水分が抜けない間に動力耕耘機で耕すと、動力耕耘機は耕起と砕土を同時に行なうから、内部の乾燥がよくないばかりでなく、下層土が乾かず大切な割れ目ができない。

多収田では、耕深が一五〜二〇センチくらいはほしい。深くおこすことも大事だが、耕す深さが平均していることも大切である。

堆厩肥は耕起の直前に全面にまき、その他の肥料もなるべく全層にまぜるように施す。

地下水の高いところでは深耕の効果がないから、暗渠排水または客土によって作土を深くしなければならない。

深耕して底土の部分が新しく耕土にまざるとき、あるいは山土を客土したときは、よくくさった堆厩肥を四〜五割多く施すことが大切である。

耕起作業は、秋おこしをやると、かえって団粒組織をこわすし、有機物の分解がすすんで地力の消耗にもなる。したがって耕起の時期は、水あげ、代かきに間に合うていどになるべくおそくやるようにする。

元肥、堆肥は耕起前に施すので、この関係からも耕起はおそいほうがよいということになる。

2、代かき

代かきはていねいにやってはいけない。

どこの地帯でも、土壌は柱状組織にして水がタテにとおるようにするか、団粒化しなければいけないなどといっているが、耕土がいかに理想的な状態になっていても、代かきをていねいにやればやるほどよい構造がこわされることになる。一般に暖地などで雑草などが多く、草がじゃまになるので、下層に踏み入れるために自然に回数が多くなりがちである。

代かきの回数を多くするよりも、代かき前の畑状態のときに砕土整地をていねいにやり、代かきはできるだけかんたんにすませるようにする。こうすれば構造はこわされずにすむ。それが、乗用トラクターなどがはいって、気楽にできるようになると、つい必要以上に代かきをやる傾向がある。

雑草が多く、代かきをかんたんにやったのでは植えられる状態にならないようなところでは、雑草を代かき前に処理しておくことのほうが正しいやり方である。雑草の多いところでは、早めに耕起して雑草が枯れたころに代かきをすれば、かんたんにすませられるし、雑草がすきこまれることによっておこる根ぐされも少なくなる。

寒いところで水もちが問題になるところでは、めやすとして、減水深が三センチ以下になるようにすればよい。

冷水が関係ないところでは、水もちは問題にならないばかりか、かえってよい結果があらわれるくらいだ。

とくに二毛作田で、耕耘機などでていねいに代かきをやると、植えいたみがひどくなる。そのうえ、根ぐされも多くなる。水田の表面がなめらかになって、悪性ガスが発散できずに、土の中に充満するからである。代かきをていねいにした水田で、六月中旬に足を踏み込んでみると、アワがブクブクでてくる。耕起してからすぐに水を入れる。湛水して三日もすると土がくずれはじめる。このとき代かきを軽くやって、田植えをすれば、植えいたみも少なくなる。

3、代かき直後の強還元

暖地や裏作のあと地に植えつけるときにおこりやすいのは、土壌酸素の欠乏からくる植えいたみの問題である。

ふつう裏作あと地では、収穫が終わるとすぐに耕起し、代かきが終わると、すぐ植えつけをする。これはイネの生理にとって非常にわるい影響を与える。つい昨日までは畑状態になっていて土は酸化的な条件だったわけだが、そこに急に水を入れて代かきをすると、急激な還元状態になり、土の中は極度に酸素不足になってしまう。考えてみると、いままで畑状態だったのだから充分に酸素が含まれているように思うが、実は、畑状態のところには酸素を好む微生物がたくさんいて大量の酸素を消費していたわけで、そこへ水がはいって酸素が少なくなるので強い還元状態になる。そのときに植えつけられることになる。その結果、活着がわるく根いたみをおこすようではおそ植えしたのと同じことになる。むしろ三〜四日くらいたって、還元状態が安定してきてから植えるようにする。その間に、除草剤などの処理も安全にやることができる。

二毛作田では、前作物の根や株などの残存物が必ずあって、これが分解するときに多量の酸素を消耗するために根の活力がおとろえることである。そうならないように、土壌の構造は酸素の通りのよいように、代かきはできるだけかんたんにする。耕起してからすぐに水を入れる。湛水して一〜二日もすれば土がくずれはじめる。このとき軽く代かきをやるていどにすれば、植えいたみも少なくてすむ。

三、施肥の考え方と元肥

1、生育後半を重点にした施肥体系

からだづくりのときには、ぜいたくにチッソを使うよりも、最低のチッソ量でからだづくりをしたほうが、後半の活力維持が非常によい。

前半多肥栽培にしたばあい、その肥料（とくにチッソ肥料）が後半までもつかどうか。この論議はたいへんむずかしいが、実際に施されたチッソ分が多肥のために青田づくりになり、その結果、イネの体制がわるくなり、かりに、土にチッソ分があってもイネのほうで吸収できないことになる。このばあいはチッソがあっても吸えないということで、ないのと同じ結果になる。

つまり、後半まで効かせようと思って、多肥すればするほど後半のチッソ利用は逆に少なくなるという関係である。実際、厳密にチッソ分を調べてみると、前の年に施されたものが吸収されていることもあるくらいであるから、チッソをうまく利用させるためには、土にどのくらい保持させられるかというよりも、イネ自体の吸収能力を考えるべきであろう。

前半小型で体制もよく、地上部も地下部も健全に育てたばあいは、後半になっても吸収能力が高いので、土の中にあるわずかなチッソも利用することができるし、かりに、土の中にチッソ分が不足するようなら、追肥によって補給すればよいわけで、後半、秋まさりにおいあげることができる。

しかし、青田づくりのイネは、後半スタミナがないので、土にあるチッソ分も吸えない。**まして**や、追肥などやってもかえって逆効果になるのがおちである。

(1) 元肥少肥が原則

生育後半の追肥の効果をあげるには、元肥は少ないほうがよい。多くすると、途中過繁茂が原因と**なって後半の吸収能力が低下することもあるが、この過繁茂がかりになかったと考えても、**元肥のチッソ量の少ないほうが穂肥の効果は高い。

それはなぜかというと、イネのからだの中での養分の再配分のしかたがかわってくるからである。元肥を多くいれると、吸収された養分は、最初の葉から次の葉へと次々と再配分されていく。したがって、最初からチッソが多いと引きつがれていくチッソも多くなり、穂肥をやってもすでにそのときは、再配分によってからだには充分に養分が確保されていて効きめをあらわさない。こんな条件のところに与えられた穂肥は目的とする穂に役立たないで、徒長するようなことになる。

このように、ある意味で潤たくな養分が次々とうけつがれてきたばあいには、施された追肥も光合成能力を高める方向に使われずに、葉を大きくする方向にはたらき、出穂ごろのイネの受光体制が非常にわるくなる。

元肥少肥でスタートしたイネは、再配分される養分は必ずしも多くはないが、常に過剰になることがなく、体制もよく、デンプンの蓄積もよいために、後半の追肥はからだの容積を大きくする方向にははたらかずに、葉の光合成能力を高めるために使われていく。葉が伸びるということがないから、受光体制もよく日光が充分あたり、光合成はますますさかんになるといったぐあいである。

元肥のチッソ肥料が多いということは、このようにあとあとまで生育をみだしていくのである。

そこで、過繁茂にならない理想的な体制にもっていくためには、元肥は少なくして、後半重点の施肥方法にならざるをえない。その点、四五〇キロ以下の収量では、全部元肥に施し少々過繁茂になったとしても、まあまあ四五〇キロぐらいはいける。

しかし、これを六〇〇キロに引きあげようとして、その分だけチッソを多くしてそれを一度に元肥に施したとすると、過繁茂の矛盾がさらに激化して、四五〇キロ以下になってしまうこともある。したがって、元肥の目標は、必要とする分けつを確保するていどの量にし、あとは後半の追肥にもっていくことが原則である。かりに六〇〇キロを目標にしたとき、必要な茎数は一六本、七五〇キロのときは二〇本とすれば、そのちがいが元肥のちがいになるだけである。

(2) 分けつに必要なチッソはわずかでよい

田植え直後のからだの小さいころのイネは、肥料分を吸収するためには、あるていど濃度が高くないと吸えない。根の表面積が少ないから、水田全層に肥料分がたくさんあるというだけでは充分に吸収することができないわけである。だから、そのころのイネは、根のある付近の肥料分の濃度が必要で、そこで表層施肥ということになる。したがって、元肥をやるという意味をどこにおくかによってやり方もずい分かわってくる。

元肥を全層に施して脱チッ（チッソがにげる）をおさえるのはよいとしても、元肥をいつ効かせようと考えるのかが問題である。後期に効かせるために全層に施すというが、元肥だけで全期間効かせる考え方は疑問に思うし、それはふつうの土壌では不可能であろう。

イネのチッソの吸収のカーブをみても本格的に吸収するのは分けつ期以後であって、分けつがでるために必要なチッソなどはほんのわずかな量でまにあう。

こうしてみると、後期に効かせる肥料分は、もし元肥に施すならば、全層施肥よりももっと積極的に深層に施すようにしなければ意味がないし、元肥にやらないとすれば、後期に重点的に追肥をやればよいことになる。さらに地力によって後期に効くようにすれば、新しい施肥技術にかわってくるであろう。

(3) 後半は追肥の肥効で

一定の分けつを確保し、栄養生長を止め、さらにすすんで受光体制が確立したあとの肥料というものは、絶対に不足させてはいけない。もちろん、体制のよいイネは根も健全だから、与えた肥料は充分吸収する能力をもっている。肥切れにならないように肥料を与えてゆく必要がある。

それが、過繁茂にしてしまい、葉も根も不健全な状態では、肥料として与えたものは体制をくずす方向にはたらくだけでプラスにはならない。こういう状態では、追肥の肥効はあらわれないし、危険がともなって、やり方もまた非常にむずかしいのがふつうである。

分けつが止まったからといっても、葉をだす仕事がまだ残っている。たとえば、一二葉になったとき止葉がつくられるとすると一三葉から上葉の一五葉は中にはいっている。この葉を育てながらしかも一方では分けつをさせないようにもっていくわけで、このとき、肥料が効いているようでは分けつは止まらないので、このばあいは根の活力によって栄養を支えていくようにしないとだめだ。肥料に期待しなければならないようでは、それ以前のイネの体制がわるいということである。

その後、止葉がではじめるようになれば、安心して追肥をやることができる。ただし、これも受光体制がよいばあいであって、葉が茂りすぎていて中が日陰になっているようだと、光不足と肥料の効きめとが重なって徒長しはじめる。いつのばあいもそうだが、受光体制がわるいと、つねに与えた肥料はマイナスに効いてしまう。だから、肥料を充分に効かせるためには、どうしても受光体制をよくしておかないといけないわけである。

穂肥はあくまでも出穂後の葉の同化能力を高めるためのものであって、穂を大きくしたり、粒の大きさや粒数をふやしたりするものではない。先にも述べたように、粒を大きくしたかったら、かえって肥料は少ないほうがよいくらいである。

2、元肥の役割

元肥のチッソは、イネの一生を通じての元肥と考えると失敗する。元肥チッソは、出穂二〇日前までを目標にし、この間、過剰にならないよう最低の肥効で維持するようにもっていくことである。とくに初期生育の四〇〜五〇日間の肥料は、必要茎数を確保するための補助手段と考える。茎数確保の主役は元肥チッソではなく、苗の分けつ力である。したがって、苗時代の分けつを維持し、その後も順調に分けつできるような栄養を補給する肥料と考える。

第37図　追肥重点の施肥のやり方

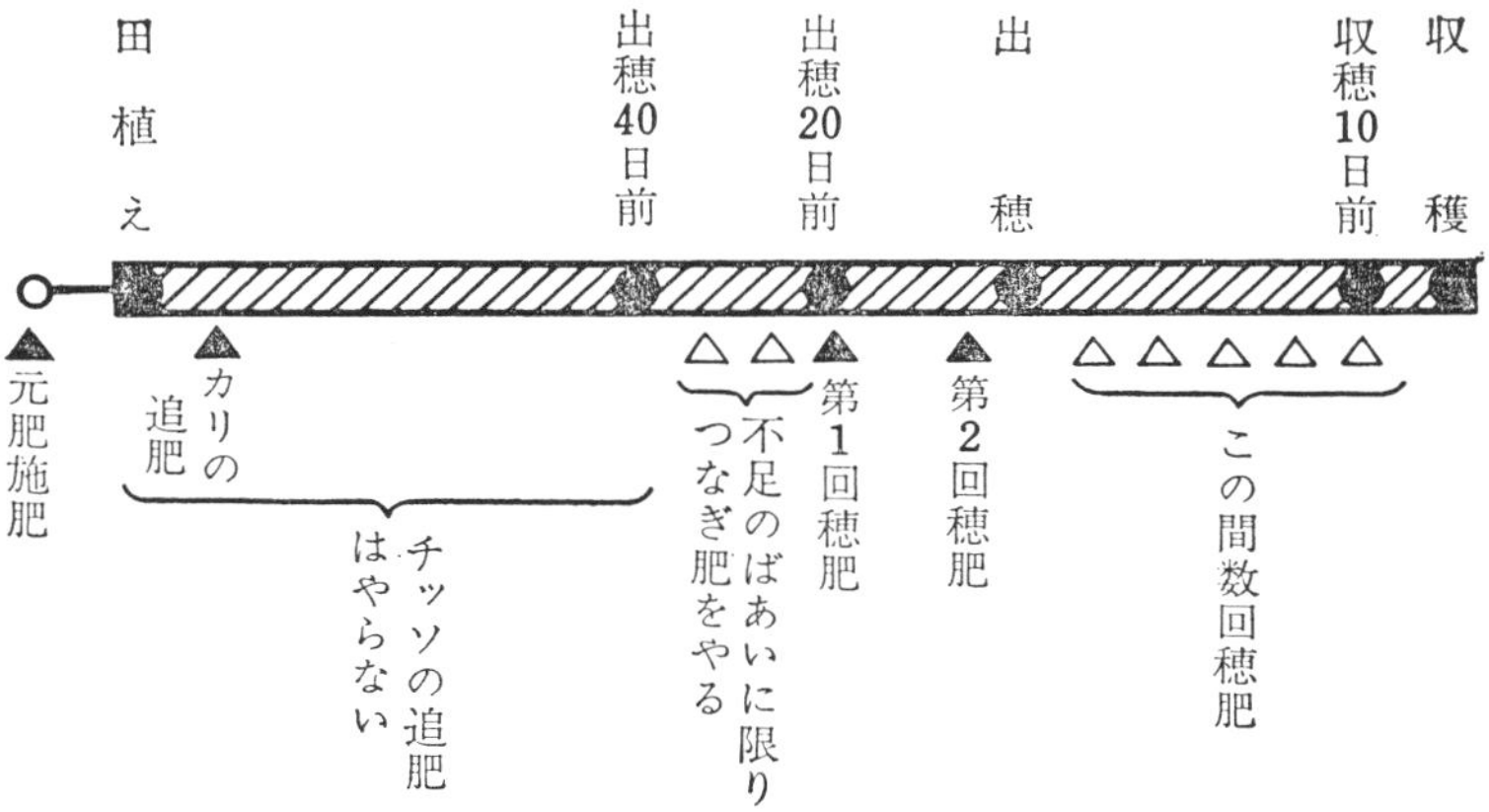

あくまでも、元肥チッソで分けつさせようなどとは考えないことである。事実、チッソを多くすることで、茎数が早期に確保された例はない。ただ葉や茎が大きくなってくるので、見かけ上は茎数がふえたような錯覚をおこすだけで、実際に調べてみればわかる。そのとき茎数がふえていたとしてもそれは二次・三次など高次の分けつであって無効になる運命にあるものが大部分である。

茎数確保のしかたは、寒地と暖地ではちがう。暖地のばあいは地温・水温が高いために分けつ芽がでにくいが、これも茎数の立つ品種をえらべばよいし、逆に、初期生育を低温下ですごす地帯では茎数が立ちやすいので、分けつを促進させようとしなくても充分に確保できるはずである。それでも不足するというのは、苗の貧弱さが原因しているからだ。吸収力の強い根に育てた苗を植えれば、充分すぎるほどの分けつ芽が当然発生する。その分けつ芽が栄養失調をおこして休止したり枯れたりしないようにもっていく、それが元肥チッソの役割の第一であり、途中のタンパク合成が順調にいくていどのチッソ量であればよいわけである。

初期のチッソが不足するのは、施肥量が多い少ないの問題ではなくて、効かせ方にまずい点があるからだ。

3、施肥量の判断

(1) チッソ

元肥の肥料で問題になるのは、施肥量をどのくらいにするかということだが、このとき忘れてならないのは、どのような効かせ方をするかである。これを前提に考えないとほんとうの施肥量はきまらない。

このような前提にたつと、元肥チッソの量は、土壌によってもちがうが、ふつうの水田であれば五キロ以上は必要がないはずである。さらに栽培体系が整ってくると、五キロでも多すぎてチッソ量は少なくしなければならなくなる。そこで、チッソの標準量は四キロ前後とし、最高は五キロをめやすにする。

ところが、このような数字を示すと、必ず反論がでる。元肥のチッソ量をこんなにへらしたら、いままでさえ穂数確保がぎりぎりだったのに、これでは、茎数不足で減収してしまうのではないかという疑問である。これは、茎数の確保や穂数を多くするのは元肥のチッソだけだと考えるからであって、茎数確保は、チッソに期待するよりも、苗の素質、植えいたみの防止などを考えるのがすじ道である。

田植え後四〇〜五〇日間のチッソの効き方は、毎日が等分されたように徐々に効かせて生育させなければならないのだが、実際には施された量を一〇〜二〇日くらいに吸収させてしまっている例が多い。どちらも同じ量を吸収しているのだが、吸収のしかたがまったくちがうために、イネの姿はくずれ、短期間に吸いつくしたものはそのあとの肥料切れがひどくあらわれる。

肥料の効かせ方を考えるめやすは、イネの生育過程である。出穂三〇日前の理想の姿にもっていくための生育の過程は、水田の条件のいかんにかかわらず同じであるから、その生育のコースに合わせるように施肥位置や肥料の種類によって効かせ方を調整していくわけである。

早できのする水田に、速効性のものを表層に施したら、早いうちに吸いつくされて肥料切れをおこし、イネは過繁茂の姿になる。

老朽化した水田で肥料分がほとんどないようなところでも、肥効がゆるやかにでるように、効き方をくふうしさえすれば、施肥量を多くする必要はない。かりに施されたチッソが吸いつくされてしまったなら、そのとき追肥でつないでやればよいわけである。それを、天候のせいで生育がおくれていたり、他の理由で草できが思わしくなかったりするばあいでもすぐに追肥をしたがる。ほんとうに吸いつくされて肥料がたりないのか、イネ自体が吸えないでいるのかわからずに追肥をやる。こんな追肥は絶対にさけなければいけないが、ほんとうに肥料切れになっているのであれば、分けつ期であっても時期に関係なくやる必要がでてくる。

元肥チッソは、砂地の肥料もちのわるい水田でも、粘土地の肥料もちのよい水田でも、肥料は同じ量を施す。それでは、それぞれの条件のちがいをどこで調整するのかというと、効かせ方をかえてやるのである。

水田の条件のちがいを大きく分けると、つぎの四つに区分することができる。

山間冷水田 ①水もちがわるい水田
　　　　　 ②水もちがよい水田
平坦部水田 ③早できする水田
　　　　　 ④おそできする水田

①の山間冷水田で水もちがわるい水田では、流亡しにくく、しかも速効性の肥料を代かき後表層に施す。水温上昇剤やポリチューブなどを使用し、水温上昇をはかることはもちろんである。

②の水もちのよい水田では、水温上昇剤とか、ポリチューブなどで、まず水温上昇をはかる。水温上昇によって活着までの期間を短縮できるので、あえて速効性の肥料をえらばなくてもよい。表層施肥の必要性もない。ふつうの肥料を耕起後に施す。

③の平坦部の早できする水田では、肥効が急激にあらわれ、早なおりするので、遅効性の肥料を耕起前に施し、全層にまぜる。そうすれば、初期生育もゆるやかにもっていくことができる。

④のおそできする水田では初期生育がわるいので、速効性のものを表層に施す。

肥料の種類では単肥と複合肥料とでは、価格もそれほどちがわないのだから、どちらかといえば複合肥料のほうがよい。元肥としては、硫安系であろうが尿素系であろうが大差はない。複合肥料をえらぶばあいには、肥効の出方を充分に知っておくことがもっとも大切である。

早できのする土地では、尿素系、塩安系のどちらでもよいが、肥効が長もちするようにつくられているものをえらぶ必要がある。

施肥位置の点で、長もちさせるために下層に入れたいばあいは耕起前に施すことである。ただし、スキなどのようなものであらく起こしたばあいでは、耕起したあとに施しても充分下層にはいる。しかし、耕起の時期が早く、水を入れるまでに一週間以上も期間があるときは流亡が多くなるので、耕起前に施すわけにはいかなくなる。耕耘機で起こしたあとに施すと、うまく下層にはいらないが、もう一度軽く耕起してかきまぜれば下まで充分に入れることができる。

代かきのときに施してかきまぜると下層にはいるような気がするが、粒状になった化成肥料であっても下層にははいらないと考えたほうがよい。ふつうの化成はほとんどが水溶性なので代かきしているうちに水に溶けてしまい、どうしても表層に施肥した形になる。しかし、どちらにしても粒状になった化成肥料のようなもののほうが下層にはいりやすい。

(2) リンサン

いままで多量のチッソを使ってきた人にとっては、量をへらすのにたいへんな勇気がいる。そこで、チッソをへらすためにリンサンを多めに施す。リンサンの施肥量をふやすと、根の伸びがよくなる。根の伸びがよくなればチッソの吸収量もふえる。こうなると、チッソの量をへらさなければできすぎのイネになってしまう。リンサンの多施は必然的にチッソの量をへらすことになる。

また、リンサンは、分けつ芽に活力を与え、茎数確保の面でも大きな役割をはたしている。かりに、例年チッソ量が六キロでちょうどよかった水田でも、リンサンを多く施したときは、五キロなり四キロにしないとできすぎになる。それを、リンサンを考えないでチッソだけへらすと、ばあいによっては五キロでは不足することもありうる。

一般にリンサンを軽視するのは、チッソのように目に見える肥効をあらわさないからであろう。しかし、リンサンを施したイネは、見かけは小さいが、茎数が確実に確保されている。小柄ではあるが内容が充実しているので極端な肥料切れをおこさないし、炭水化物の蓄積生長にはいってから充分に太ってくる。また、分けつも早めに切り上がってくる。

元肥のリンサンは、イネの一生を通じての元肥と考える。リンサン肥料は土壌中で流亡しないので元肥に施し、どの時期をとってみてもリンサンが効いている状態にもっていく。

リンサン多施は、火山灰土や欠乏しやすい土壌にとくに効果があるので、茎数が思うように確保できないようなところでは、多施をしてみる必要がある。

むかしから、リンサンはイネに対して効果が少ないとされてきたが、それは、湛水下で還元がすすむと不溶態のリンサンが吸収できるような形にかわるために、畑などとちがって施肥の効果は少なかったわけだが、高位収穫を望むようになると、初期生育のリンサン吸収が非常に大切になってくる。

リンサン肥料はく溶性の熔成燐肥などがよい。熔成燐肥は蛇紋岩の関係で土がやわらかになり、その面でもつごうがよい。化成肥料を使うばあいには、く溶性というわけにはいかないから、不足分を単肥で施すときは熔燐を使うようにする。

(3) カリ

カリは絶対吸収量からいったら、チッソと同じ程度に必要なわけである。しかし、いままでは不足ということもなく直接それが減収の原因になったことも少ない。

ところが、出穂後に力を入れるようなつくり方になってくると、カリが直接の制限因子になってくる。カリはチッソと関係が深く、チッソを多く吸収するときは、カリの吸収がおさえられるので、積極的に与えていかないといけない。出穂後の同化能力をたかめ、炭水化物の移動を助けるために、カリ肥料の重要さを見直す必要がでてきている。追肥のときにはカリもおともするくらいの心がけが必要になる。

元肥のチッソ成分の調整が必要なのは、チッソ分の多い堆厩肥を使ったときで、堆厩肥の熟度と土の条件の関係をみて、肥効がどのようにあらわれるかを予測しなければならない。

(4) 堆厩肥の肥効

むかしとちがって、各農家の経営形態がまったくちがっている。むかしなら、水田一〜一・五ヘクタールくらいの経営なら馬が一頭いて、堆厩肥はどのていど生産され、それだけはいるとどんな肥効がでるかはおよその見当はついた。しかし現在では、水田の耕作面積の大小と家畜頭数とは無関係で、耕作面積の少ないものが豚を一〇〇頭も飼育していたりして、農家によってはありあまるほどの堆厩肥がでるし、また、酪農と養豚農家との堆厩肥では質もちがう。

堆厩肥の肥効は、家畜の種類や熟度によって肥効のあらわれ方がちがうので、どのような効き方をするのかは試してみておく必要がある。化学肥料ならあとからでもやれるので、堆厩肥が多くはいるばあいは化学肥料は最小限にしてようすをみること。せいぜい硫安で四キロくらいの植えつけ肥で出発したほうが安全である。

牛や馬の厩肥でベタベタしていないようなものは、冬の間に積みこんで切り返しなどの手入れをし、充分腐熟させたものならその年に使用してもよいが、豚の厩肥はどうしても一年くらいは積みこんでおいて、充分に腐熟させ、半速効性の効きめになったものを使うようにする。

このように完全に腐熟したものであれば、緩効性肥料並みと考えてよく、化学肥料をまったく施さなくてもよい生育をさせることができるし、穂肥などやらなくても肥効が持続することもある。今年生産された厩肥を今年のうちに使うようなことをすると、肥効がいつでてくるかわからず、初期生育がわるいからといって、うっかり追肥をやると、気温が高くなるにつれてどんどん効きだして困ることがある。

4、施肥の方法

元肥は骨格的な肥料だから、作土の全層または比較的深層にまぜ合わせて、長くその効きめを保つことが必要である。リンサンは、全量を元肥に施してもよいが、水はけのよいところや、水のかけひきをひんぱんに行なって土の中に空気がよくとおるようなところでは、追肥にも使ったほうがよい。カリは、イネが生理作用を順調に行なうのに大切な養分だから、元肥だけでなく、イネの一生をとおして効きめをあらわすように、何回にも施したほうがよい。

牛馬耕のばあいは、荒起こし、すき返し、砕土、すき返し、というように、三回から四回ぐらいスキをいれるから、配合のできるものやできないものなど、肥料の種類によって施す時期を調整することができる。けれども、動力耕耘機のように一回で耕起と砕土ができるようなばあいには、肥料を何回にも分けて施すことがむずかしいし、土全体にまざるように施すことも、よほど工夫しなければできない。

たとえば、牛馬耕のばあいの肥料のやり方は、荒起こしをやり、土の乾きぐあいをみて、すき返し（土塊を多少砕き反転する）を行なうときに、堆厩肥、緑肥（施す前に必ず刈取り乾燥して枯死したもの）を施して、砕土のときに石灰チッソ、熔成燐肥、珪カルなどを施し、その後湛水直前に硫安、過石、塩加あるいは化成肥料や配合肥料を施して、もう一度すき返して土とよくまぜ合わせる。

動力耕耘機を使うばあい、耕起は土がよく乾燥した時期ということになると、まもなく湛水することに耕すことになるから、耕起直前に肥料の全部を全面にまいて、できるだけ作土全体にまざるようにするのがふつうだ。しかし、耕起後湛水するまでの期間が長く（一〇日以上）なるようなとき、または、肥料の種類によって同時施肥ができないときには、耕起前には堆厩肥、緑肥、石灰チッソ、珪カル、熔燐などを施し、その他の肥料は水かけ直前に施して、もう一度耕耘機で土とよくまぜ合わせるか、あるいは耕耘機で代かきをするときには、代かき水を少なくして、代かき直前に施して作土とよくかきまぜてもよい。このばあいにはとくに、代かき水を流さないことが大切である（いつのばあいも代かき水を流すと肥料分を流しやすいから注意しなければならない）。

実際には、この全層施肥または深層施肥ということは、なかなかむずかしいもので、とかく肥料は表層に多くはいりやすい。とくに砕土後の施肥は、深層にはいりにくいから、深層施肥をするばあいは、すき返しのとき、そのすき溝に施すようにしなければできにくい。そのために、粒状の化学肥料や有機質の肥料でないと、元肥の性格をよく発揮することができにくい。

ところで、元肥の量が全量の半分ていどで少なく、しかも全層または深層施肥をすることになると、粘土分の多いところや寒いところ、あるいは作土の深いところでは、初期生育がたいそうわるくて、必要な茎数を確保することができないということが起こりかねない。

田植え前に施す茎数、穂数のための肥料は、よく元肥と混同していることが多いが、そのやり方は次のようにしたほうがよい。

元肥を、前にのべたように全層または深層に施し、代かきが終わって最後の仕上げにかかるとき、表層だけにかきまぜるのだ。肥料の量が少ないから畑土などで適当に増量して平均にまいて（水は少ないほうがよいから代かき水は少な目にしてやること）、レーキで表層にかきまぜる。

この肥料を施すときに注意しなければならないことは、チッソをやりすぎないことであって、全量の二割ていどが適当である。

VI 苗の生理と育苗

一、苗の生長生理

1、発芽の生理

種モミは内穎《えい》外穎の二枚の殻で堅くおおわれているが、大部分のものはこの接合部がゆるく、発芽のときはここからも吸水されている。モミの吸水は発芽孔から行なわれるが、この発芽孔は胚のすぐ上の部分のモミガラが割れてできるもので、乾燥のために胚の容積が縮小し、吸水後、膨圧するとこの部分が裂開しやすいという仕組みになっている。発芽前によく乾燥させると発芽がそろうのはこのためである。吸水の部分は品種によってちがうので、浸漬前に吸水部分を検討しておくとべんりである。吸水能力は浸漬中の酸素供給にも関係があるので注意しなければならない。温度を上げて吸水を速くさせるとどうしても酸素不足になりやすいので、新鮮な水を何回も入れかえる必要がある。

乾燥した状態の種モミでも呼吸しているものである。生きていると同時にそれだけ栄養分を消耗していることになる。こうして通常二〜三年間の寿命はあるが、低温乾燥状態にしておけばさらに数年はもつようになる。

発芽作用の第一段階は吸水である。乾いて堅くなっていた胚が吸水して活動をはじめるのである。イネのばあいは、種モミの重量の二三パーセントに相当する水分を吸水するだけで発芽するようになる。

イネでは胚の吸水が満たされると、つぎは胚に接した部分の胚乳が吸水して、この部分の養分が分解し、芽や根の生長に供給される。

イネの発芽温度は最低一〇～一二度、最高四〇～四二度、最適三〇～三五度とされている。一般に東日本の品種は西日本のものより最低温度も最高温度も低いものである。

呼吸作用というのは、酸素を吸収して炭酸ガスを排出するものであるが、イネでは無気呼吸といって、酸素がない状態でも呼吸作用が行なわれる部分がある。このように、酸素がなくても発芽できるのはイネの特徴である。

無気呼吸で発芽したものは芽は伸長するが根はでない。このことは発芽と発根が本質的にちがうことを示している。種モミには胚と胚乳の接合部に小楯体という吸収組織があるが、モミが吸水してもこの組織の細胞は肥大しない。ところが、吸水と同時に酸素が供給されると、この組織は肥大するようになる。同時に幼根の生長が認められる。このように、幼根は、小楯体が大きくならなければ生長しない。つまり、幼根の生長には、胚ではなく胚乳から養分が供給される必要があるためである。

酸素がない状態で発芽させると、酸素が充分に得られるまで幼芽（鞘葉）だけが伸長する。たとえば、浅い水中であれば幼芽の先端が水面に達するまで伸長をつづけるが、水面に達すると先端部から酸素を吸収して、ようやく発根する。また同じ水中でも種モミにくらべて水量が非常に多いばあいとか、水が流動しているばあいは根がでやすい。これは水中にとけこんでいる酸素を利用しているためである。

種モミの発芽にはいろいろの酵素が関係し、発芽における物質代謝やエネルギー代謝のみなもとになっている。

2、生長の生理

発芽後、葉令で五葉から七葉ころまで、苗として生育することになる。この期間には、つぎのような時期が重要視される。重要視というのは、優良な苗をつくろうとすれば、生育上のポイントとして充分注意しなければならないということである。

(1) 種子根の発育期

最初の大切な時期は種子根の発達する時期である。種子根

第38図　酸素がないと発根しない

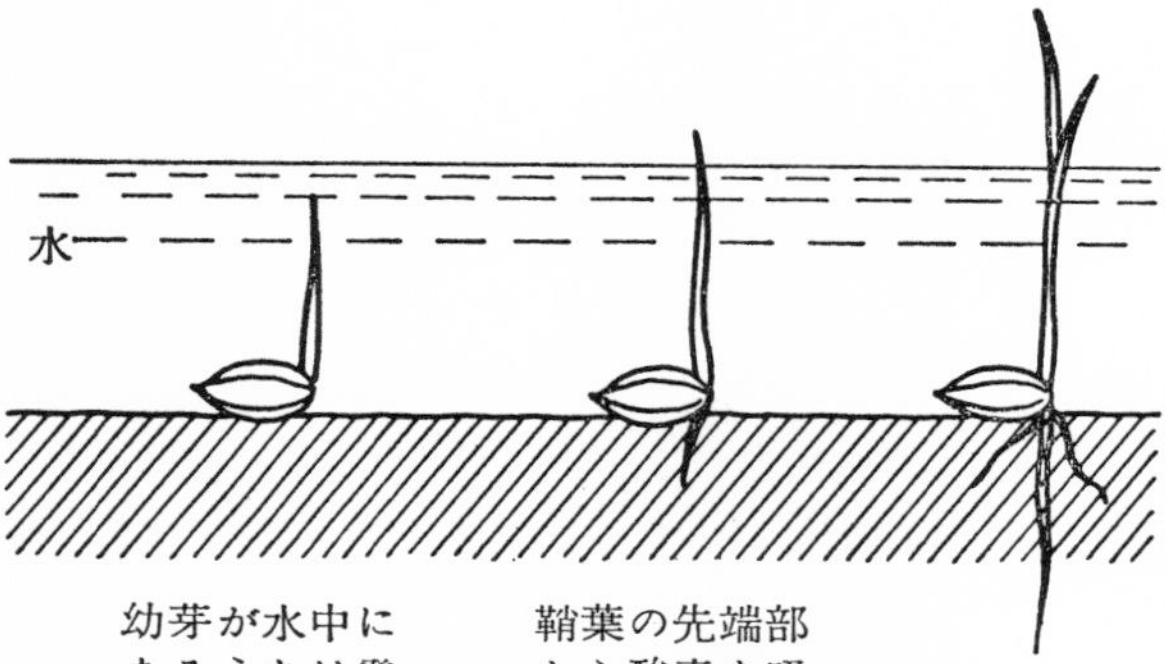
幼芽が水中にあるうちは発根しない
鞘葉の先端部から酸素を吸って発根する

が充分発達すると苗の茎が太くなり、分けつの発達がよくなると考えてよい。これは、根の発育がよいので養分の吸収がさかんであることと、このような状態では酵素の働きも充分に行なわれているので、苗の体質が非常によくなっていることとが関係しているためである。

葉の生長と根の生長はリズムをもって伸長している。原則的には上から数えて三番目の葉がでている節から新しい根がでるという性質がある。たとえば、五葉期の苗であると、三葉節から新根がでている。つまり、五葉期には第一節（種子根）、鞘葉節、その上の第一、第二、第三葉の各節から根がでていることになる。また、もし三葉期の苗であれば、第一節、鞘葉節、第一葉節から根がでている。このように考えると、第一葉すなわち不完全葉が展開するまでは、第一節の幼根（種子根）が伸びているだけである。つまり、種子根の使命は、鞘葉と第一葉（不完全葉）が伸展するまで吸収の役割をはたすことになる。

新根の発生と根の寿命とのあいだには関連があり、根の生長を考えるうえで大切なことである。原則的には新根がではじめると古い根の生長が停止するという性質である。たとえば、第二葉（第一完全葉）が展開しはじめるころから種子根の生長がおとろえる。種子根の生長がよくてもわるくても、第二葉が展開すればつぎの新根が発生し、その新根の生長のために種子根が伸びなくなる。ただし、第二葉がでるまでに種子根を充分発育させておくと、茎が太くなる。これはその後の生長に非常に有利である。

種子根が充分発達すると、つぎの鞘葉節の根数が多くなる。具体的な例を示すと、水苗代のような湛水で酸素の少ない状態で発芽させたものは、鞘葉節の根数は三本であるが、畑状態で発芽させたものは五本になる。このちがいはその後の発育にも関係し、分けつの発育状態にも関連をもつようになる。

(2) 第二葉の発育期

つぎの重要な時期は第二葉（第一完全葉）の発育期である。この葉の形態には品種の特徴がよくあらわれるもので、幅の広いものもあれば細長いものもある。この葉の形態と機能についてはまだ検討されていないが、ここで取り上げたい問題は、第二葉が一号分けつの発育とどんな関係にあるのかということである。一号分けつは第二葉から発生するのであるが、種子根を切除したり、また第二葉を切除したりすると発育しなくなる。このことから、種子根も第二葉も苗の発育には大切なものであることがよくわかる。幼芽のいぶきがこの第二葉の働きで活気づけられるように思われる。

第一葉の伸長期までは床土の酸素がもっとも重要な問題になるのであるが、第二葉では葉自身の能力が問題になる。つまり、空間の適当な温度、適当な光状態、適当な空気の状態など多くの条件がこの葉の働きに関係していることになる。また第二葉の伸長期にはまだ胚乳の養分が充分あるので、温度が高すぎると腰高になりやすい。腰高苗は葉鞘の伸びすぎでむだである。短期日に生長させようとするとこうなりやすい。

(3) 離乳期

寒地の苗つくりはこの時期を重要視する。その理由は、出葉速度がおそいので離乳の影響が強くあらわれるためである。暖地では出葉速度も速く、同時に発根も速いので、離乳期にも生育の中だるみがあまり認められない。また、北陸のような中間地帯では、低温の年に離乳期が問題になる。

離乳期は第四葉期である。けれども事実上は養分の供給がしだいに低下するようになるので、第三葉期から離乳期がはじまると考えられている。離乳期には胚乳の養分がなくなることのほかに、五葉期になって第二葉から発生する一号分けつがこの時期に発育している。したがって、この時期までの生育を充実させると一号分けつの発育がよくなるというわけである。

イネは伸長生長が促進されると分けつの発達は抑制される性質をもっている。したがって、一号分けつや二号分けつのようにわずかの条件のちがいで発育したりしなかったりという差ができる時期には、できるだけ伸長生長をおさえる必要がある。離乳期に徒長させないように管理するのは、このような茎の発達や分けつの発達を考えてのことである。

結局、離乳期は葉の生長速度というものを重要視すればよいわけで、具体的な管理法としては高温・深水などの条件がよくないと考えればよい。保温折衷苗代で除覆後に深水にするが、これは低温から幼苗をまもるためである。このことは半面、一号分けつの発育を抑制する方向で働くことにもなる。したがって、保温折衷苗代では除覆の時期と方法に一段とくふうがほしいものである。

(4) 田植えの準備期

苗代における四番目の重要な時期は移植のための準備期である。移植にあたって苗は断根され、そして新根を発生することになる。このときにできることなら断根は少なくして、断根の補償になる新根が早くでて活着がすすむようにしたいものである。

田植え後の発根のよしあしは水分の少ない状態で生育した苗ほど盛んである。実験的には土壌水分が八～一〇パーセントで生育した苗がもっとも活着がよい。つまり、苗代後期は七日間ぐらい土壌水分を低下させることが望ましいわけで、この操作が充分に実施できるように床土を膨軟にして、団粒構造の発達をよくさせておかなければならない。このような操作ができると、草丈が低く、全体がズングリした苗になる。

二、よい苗の条件

1、必要な苗の素質

(1) 活着促進が大切

移植栽培は安定した増収技術であるが、どんな苗が移植に適しているかということになると、地域により、地帯により、あるいは品種によってちがうので、一概にこれがよいということはできない。

北海道から九州まで、距離にして約二〇〇〇キロメートルにわたるわが国のイネつくりの中で、いろいろな苗つくりがあって、それぞれその土地に適した方法であると考えなければならない。

けれども、どんな場所でも共通していえることは、移植後の活着がよくなければいけないということである。田植えどきの活着が充分でないと、出穂後に穂数不足になったり、欠株になったりすることがあり、収量に直接ひびいてくる。また活着が充分でないと生育が不ぞろいになり、除草剤の適期散布ができないようなこともおこる。

活着とは、移植後新根が発生して、地上部の水分の消費を根の吸水力でつぐなえるようになった状態をいうものである。植物は根（葉でも同じである）が切られると他の部分の生長はおさえられる。しかし、新根（葉が切られたばあいは新葉）を発生させる能力はもっている。これは植物ホルモンの作用によるといわれている。

したがって、移植栽培では活着をよくさせるための条件は、断根の少ない苗（それだけ新根の発生量が少なくなる）、葉がいくぶん堅めでしっかりした苗（葉が柔らかいと葉がいたみやすいばかりでなく、田植えしたあとで葉が水面に浮かんで葉の働きがわるくなる）、新根発生の活発な苗（苗に栄養が充分あると新根は元気よく伸長する）がよいことになる。

栽培条件としては、苗の徒長防止がたいせつになる。苗を徒長させないためにはチッソを急激に吸収させないこと、短期間に苗を大きくさせないことが重要である。また土壌水分をコントロールして、生育をおさえることもたいせつな管理になる。

田植え後深水にしておくのは、苗の水分のだし入れからみて適当な管理であるが、深水期間が長くなりすぎると初期分けつが少なくなるおそれがある。また深植えは節間部が徒長して体内養分の浪費になるので好ましくない。分けつ数を増加させるために浅植えにするが、浅植えで深水にすると浮き苗が多くなる。

(2) 均一な苗つくり

移植栽培の特徴は、一枚の水田で全体的に生育がよくそろっているということである。代かきはていねいに行なっても、土の堅さまで均一にすることはできない。けれども、手植えであれば触感で適当に手なおししながら植えられるが、機械植えのようなばあいはそうはいかない。どうしても欠株率は高くなってしまう。

苗が不ぞろいのばあいは、分けつの少ない小苗が多くなる。小苗でも株当たり植えこみ苗数を多くすればよさそうであるが、そうはいかない。天候あるいは水田の立地条件にもよるが、株当たり植えこみ苗数というものには制限がある。それは、苗数を増加させても株の内側の苗は発根がわるくなり、生育がおとろえるからである。

(3) 苗代分けつを生かす

分けつ体系からみれば、低節位から発生した分けつがよく発達することが大切で、このことはとりもなおさず、苗代分けつあるいは本田初期の分けつがよく生かされているということになる。

2、理想的な苗の姿

苗の理想型というものは南と北で、また品種によっても明らかにちがうために、どこが何センチあるのがよいとか茎数が何本あるのがよいとかいうわけにはいかない。同じ品種の中でよい苗とわるい苗とを比較すると、肥料不足でないかぎり、わるい苗は比較的草丈が高い。つまり、理想的な苗というものを要約すると、徒長していない苗がよいということになる。

理想的な苗というと田植えどきの苗の大きさだけが問題になりそうであるが、理想というのは理想的に育ってきた苗のことをいうもので、発芽、発根、第一・第二の葉鞘の高さなど、いろいろの問題があることを忘れてはならない。本田では、登熟期のイネの姿をよくするために、出穂前四〇〜五〇日ごろから調節を行なうのと同じである。

徒長を防ぐことをもう少し分析してみると、つぎのようになる。①種子根がよく発達すること。このために床土の状態が問題になる。柔らかで酸素が多いことが第一条件で、浅いところに肥料がたくさんあるのもいけない。②第一葉の展開まではできるだけ日数をかけずに苗が早くよくそろうようにもっていく。このために、ハト胸ていどに芽をよくそろえておくことは重要な問題である。このことは、さらにさかのぼれば、浸種のときに水をよく取りかえるとか、水量を多くするとか、種モミを長く堆積しておかないことなどが大切な作業になる。

第一葉展開までの日数は電熱育苗で五日ぐらい、寒地のあまり保護をしない苗代で二〇日ぐらいである。ふつうは、七〜一〇日ぐらいが適当である。おそすぎると種子根の上部が老化して堅くなり、伸びがわるく、根の働きがおとろえる。また早すぎると根の生長が葉の生長に支配されて伸びなくなる。特殊な育苗箱で育苗するのでないかぎり、あまり早くしないほうがよい。

第二葉は品種の特徴がよくあらわれる葉で、長いものもあれば、幅の広いものもある。したがって、葉身について何センチが理想的な姿であるということはできない。けれども、この時期には胚乳の養分が充分あるので、温度が高すぎるとか、水分が多い状態では葉鞘が伸びすぎることになる。葉鞘は同化能力の低い部分で、どちらかといえば、貯蔵器官である。二〜三葉の時期には貯蔵の働きの必要はないから、この部分が伸びることはそれだけ胚乳の養分を浪費したことになるだけで、なんの役にも立たない。

第39図　理想的な苗の姿

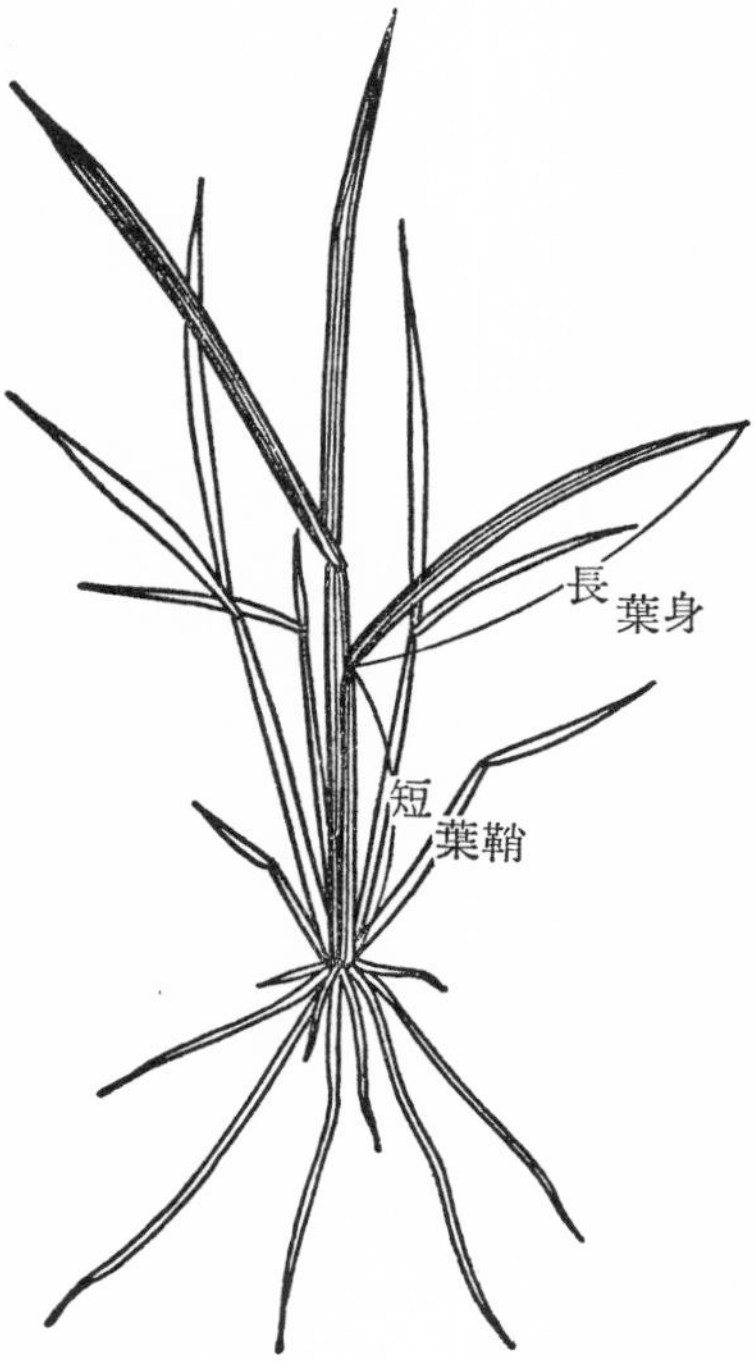

第三、第四、第五葉が正常かどうか、理想型であるかどうかは、葉鞘

の長さが葉位ごとにならんでいるかどうかで判断できる。そして、葉身はたれ下がらないのが望ましいが、品種の特徴でやむをえないものもある。田植えのときに葉身が水面に浮くのは、葉の働きがわるくなるばかりでなく、除草剤の薬害を受けやすいので、これは理想型とはいえない。この時期に葉が伸びるのは、温度が急に上昇することとチッソが多すぎること、水が多いことが原因である。

苗のよしあしを根の張り方できめることもあるが、根数は茎の太さに比例するので、茎が太いか細いかで根の数もかわるとみなければならない。そこで、五葉期くらいまでは茎が太く、根も多いほうがよい。そのうえ畑苗のように側根が多ければさらによい。五葉期といえば分けつがあらわれる時期であるから、とくに根が重要である。

ところが、六葉期以後の苗は根が多いからといってよい苗とはいえない。このころから活着のための潜在根をたくわえるようにするので、それまでにでた根が充分活用されるようにしなければならない。そのためには、出葉速度をおそくすること、チッソが一度に効かないようにすること、水管理に注意して根をいためないようにすること、根の発達をよくするために床土の物理性をよくしておくこと、などを考える必要がある。

五葉期には第六葉にでる分けつの芽は伸びており、また第七葉にでる分けつ芽の発達もはじまっているので、草丈を伸ばして分けつをおさえるようなことはさけなければならない。

これらのことが総合的にみたされると、デンプンとチッソの多い苗ができる。つまり、貯蔵物の多い、元気のよい苗である。貯蔵物が多いということは、貯蔵物を入れる倉庫もしっかりしていることで、これは葉鞘とか茎の組織がしっかりしていることになり、植えいたみも少ないことになる。

苗の理想型で分けつ数が問題になるが、これは、苗代日数によって多いほうがよいばあいとそうでないばあいとがある。高温で短期間に生長したものでは、草丈の伸びが旺盛である半面、貯蔵物の蓄積や分けつが少ない。これは、育苗期間の温度が原因しているので、分けつがないから苗がよくないとはいえない。むしろ、このような高温下では分けつ苗をつくったために、それが過繁茂の原因になることもあるので、できるだけ植えいたみを軽減することを重点に考え、分けつ数にはこだわらないほうがよい。

一方、寒地では一般に分けつ苗がよい苗とされている。それは、本田での分けつ期間が比較的短いので、苗代で分けつを確保しておく必要があるからである。しかし、このばあいでも分けつを充分発育させた熟苗とするかどうかは、本田での管理を考えてきめなければならない。つまり、本田初期が低温で活着がわるく生育もおくれがちのばあいは、熟苗のほうがよい。逆に、本田初期が暖かいと分けつをはじめたばかりの苗のほうが本田の活着と初期生育がよい。

3、苗代の種類と苗の生長

(1) 苗代を選ぶポイント

苗代の種類は、早春の寒さから保護してやる必要があるかどうか、あるいは管理上、水をどのくらい使用するかということで、保護苗代、畑苗代、水苗代といった各種のものに区別される。これらの苗代のうちどれを利用するかをきめるのは、労力の事情や水のつごうもあろうが、原則的にはいつごろ田植えをするかによってきまると考えてよい。たとえば、田植えの時期からさかのぼって、種まきが三月中旬とか四月上旬であれば、適当な育苗資材で保護苗代にする必要があるし、四月下旬とか五月中旬であれば、温度は自然のなりゆきにまかせて、露地に苗代を設ければよいことになる。

けれども、多収穫をねらうことになると、田植えの時期も大切であるが、同時によい苗をつくることも大切になる。そこで、多収穫のばあいは、よい苗をつくれるという観点も加えて苗代をきめる必要がある。つまり、苗というものは栽培法でいろいろかわるが、そのかわり方が収量にまで影響することを忘れてはならない。

まず、田植えの時期から考えることにしよう。これまでのイネつくりの経験があるので、どの地帯でも田植えの時期には一定のきまりがある。寒地の単作地帯では本田の水温が上昇して、活着できる温度になったころが田植え時期になる。そのために北にいくほどおそく、また、山間部のように高いところほどおそくなっている。むりをして早植えしても、水温が冷たくては何にもならない。また、春先は年によって天候がかわるので、ある年がよかったからといってその年だけで他の年の田植え時期がきめられるようなものではない。

一方、暖地の田植えは前作との関係やイネの品種の特性の関係から、寒地のように田植えの適温という問題はあまりないので、このばあいはイネの作期を検討したうえで田植えの時期をきめるほうがよい。

イネの一生でもっともたいせつな時期は登熟期であるから、登熟期に当たる時期を晴天の多い、温度も適当なころ（日平均温度は二二～二三度がよいとされている）をえらぶ必要がある。田植えの時期はそれからさかのぼればよい。苗代はそれからさらに逆算すればよいわけである。いずれにしても、田植えの時期の決定が、苗代の種類をきめる第一条件であることにかわりはない。

(2) よい苗と生長

活着のよい苗をつくろうとすれば、六葉とか七葉期までの苗床期間にできるだけ長い時間をかけることが必要である。ふつう、一枚の葉を七～一〇日間ぐらいかかって生長させることができれば、理想的なしまった苗ができると考えてよい。

そこで、こんどはゆっくり生長させるには、どうすればよいかという問題になる。一つは温度である。イネの葉は一五度、根は一二度が生長の限界で、これ以下では生長は停止してしまうといわれている。苗が生長するためにはエネルギーが必要なので、そのために呼吸作用を営む必要がある。呼吸作用の結果、できたエネルギーを利用して苗が生長するわけである。けれども、呼吸というのはエネルギーもだすが、同時にそのために体内の養分も消耗するので、あまりさかんにしすぎてもいけない。

第40図　養分と温度と生長

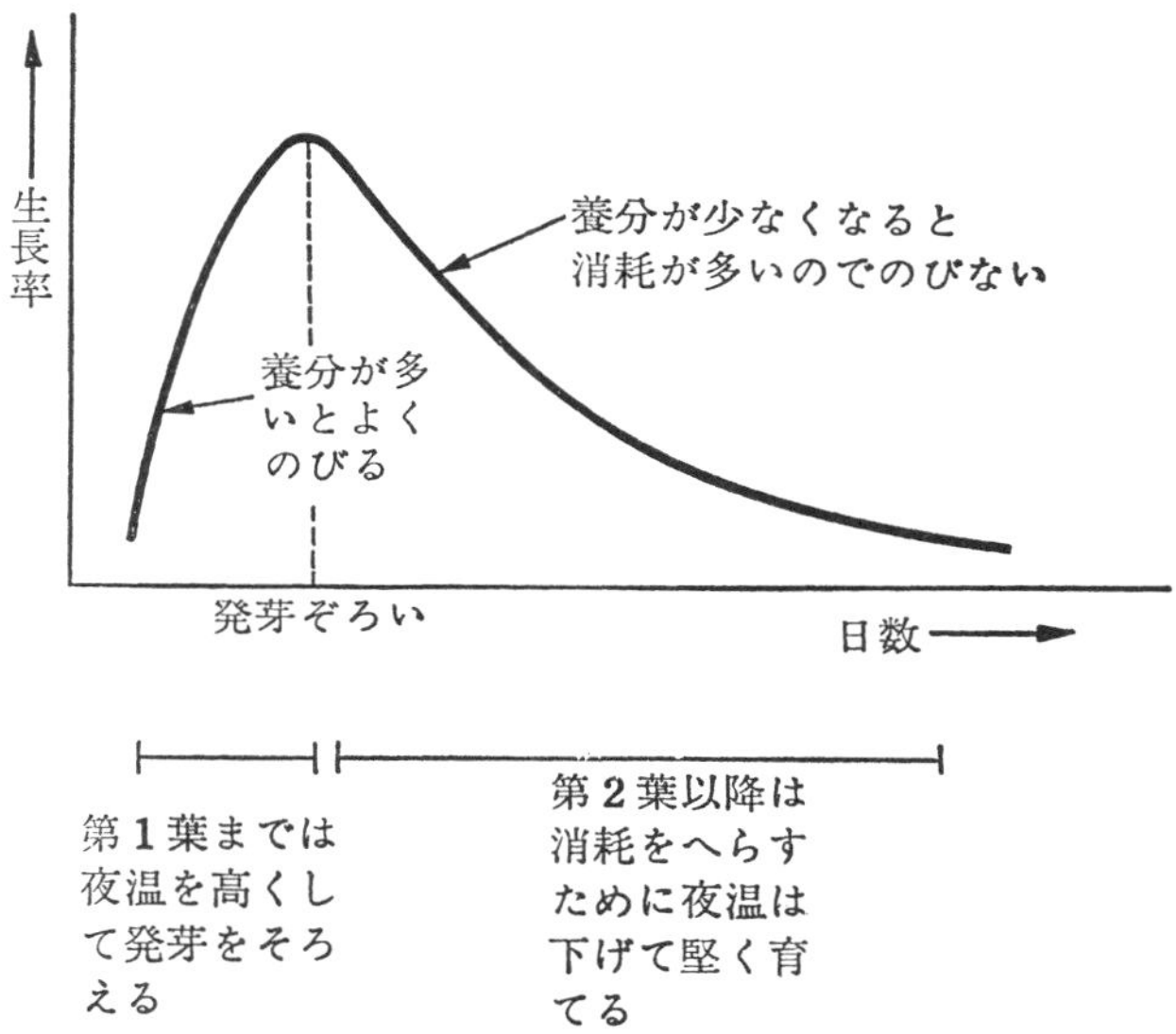
生長率
養分が少なくなると
消耗が多いのでのびない
養分が多いとよくのびる
発芽ぞろい
日数
第1葉までは夜温を高くして発芽をそろえる
第2葉以降は消耗をへらすために夜温は下げて堅く育てる

苗の栄養を生みだす同化作用は、温度を上げたからといって呼吸作用のようにさかんになることはない。したがって、生長の適温としては同化作用がさかんで、呼吸は必要ていどにおさえておくという温度をえらぶ必要がある。これはだいたい二二〜二五度である。

温度管理でもう一つ大切なことは昼夜の問題で、夜間は同化作用は行なわれないので、温度を下げておくようにする。植物は夜間でも生長する。夜間の温度は低いほど生長はおそいことになる。したがって、日没前に床内気温を外気温と同じにまで下げておくのも、苗の生長調節法で、具体的なやり方としては湛水を冷水にとりかえる方法がある。とにかく、冷害を防止できる範囲でゆっくりと生長させることが、活着のよい苗をつくるポイントになる。

つぎは水分である。土壌水分が低いと生長はおくれる。砂漠の植物がよい例である。イネのばあいは、充実した状態で生長をおくらせるのがねらいであるから、極端な水分不足はさけなければならない。

苗代では畑苗代、乾田苗代など、水分の少ない状態での育苗があるが、これらは湛水されたものよりも苗代期間が長くなる。したがって、これらの苗代でむやみに潅水すると、低水分という利点をつぶすことになる。一方、苗代土壌は水分の多少で土壌中の肥料養分が効いたり効かなかったりするので、これらのことも充分検討したうえで土壌水分のあり方をきめるようにする。

一般的にいえることは、苗代期間を二～三時期に区分して、ある時期は養分吸収のために、あるいは生長促進のために過湿状態にし、ある時期は植えいたみを防止するために低湿状態にしておくほうがよい。

以上は各苗代に共通した問題であるが、個々の苗代については、つぎのようなことを考えておく必要がある。

(3) 保護苗代での管理の要点

自然の低温から守るために、いろいろの保護法が考案されている。

保護用資材としては、電熱利用の室内育苗のようなものもあれば、ビニールやポリエチレンだけのかんたんなものもある。いずれのばあいも太陽光線を充分利用しなければよい苗はできない。

平張りの保護育苗　保護苗代ではまず温度管理が大切である。これは、発芽を経て第一葉が伸長するまでの期間中は温度を高くしておく必要があるためである。温度を低くしてこの時期の生長をおそくすると、発芽がそろわないという欠点が生じるので、この時期はできるだけ温度を高くしておく。たとえば、床内気温が四〇〜五〇度になるときがあっても、問題は種モミ付近の床土の温度であるから、この辺が高すぎないかぎり、できるだけ温度を高くしておく。

床内の温度は床内の水分と直接関係があるので、乾くようなばあいは温度が上がりすぎるようになる。ポリやビニールの有滴とか無滴とかはこの問題をとりあつかったものである。

平張りの折衷苗代（保温折衷苗代）は床内気温が上がりやすいので、除覆の時期をまちがえないようにする。春先は暖かい日もあれば寒い日もあり、除覆したあとでまた寒波がくることもある。

平張りは、発芽から第二葉展開ごろまでを畑苗代式に水を落として空気の供給を多くしたものである。種子根の発育は畑苗代にはおよばないが、水苗代よりもはるかにすぐれている。ただし、平張りでは温度が高いので、催芽に不ぞろいがあるとその差が拡大されて、苗の生長に不ぞろいがでやすい。また、除覆後湛水すると苗の生長が旺盛になるので、まきムラによる生育のちがいがはっきりでやすくなる。よくそろった種モミをていねいにまくのがポイントになる。

トンネル式の保護育苗　トンネル式の苗代では被覆期間も長いので、播種時にたっぷり潅水しておく必要がある。たっぷりといっても、種子根の生長には土中の酸素が大切であるから、過湿はいけない。このあたりのポイントはやはり床土の物理性をよくする方法を学ばなければならない。

一般にポリやビニールを床面に接触させると、床内気温は高くなる。トンネルのように床内の空間が大きくなれば、あまり高くならない。そのかわり夜間の冷えぐあいは空間が多いほどおそくなる。したがって、原則的に考えれば、夜間の冷え方が大きいか小さいか、ということが保護苗代をえらぶ一つのめやすになる。

トンネル式の保護苗代の欠点は気温の上昇につれて保護の必要がなくなり、注意しないと高温障害をおこすことである。また、高温障害がおこらないときでも、苗を自然の温度にならして堅く育てる必要上、保護用資材を適宜に取り除く必要がある。このことこそ、生長をおくらせて活着のよい苗をつくるために欠くことのできない操作である。つまり、保護苗代では上手に除覆したり換気をしてやらなければならないことが、めんどうでむずかしく、しかも重要な問題なのである。

(4) 普通苗代での管理の要点

暖地の苗つくりにはポリやビニールのような保護資材はいらない。水苗代といっても最近では種子根をよく発達させるように管理されているので、畑苗代のよいところがかなり取り入れられている。折衷苗代で保護被覆を用いないものを簡易折衷というが、これは暖地の水苗代と同じものである。寒地でもいろいろのつごうでおそまきになることがあり、そういうばあいはポリやビニールの必要がなくなり、簡易折衷で充分になる。

畑苗代でも水苗代でも発芽から第一・第二葉の展開期はそれほどちがった問題はないが、暖地ではそれ以後が高温になるので、植えいたみの少ない苗をつくることに専念しなければならない。

暖地で注意しなければならないことは、温度が高いので生長が速く、これが苗つくりをむずかしくしているという問題である。たとえばケイサンという養分があるが、これは苗質を支配するたいせつな成分で、よい苗をつくるにはこの成分は多くなければならない。けれども温度が高くて生長が速いと、生長量とケイサンの吸収量のつりあいがわるくなり、ケイサン不足の苗ができる。ケイサンは蒸散作用とともに吸収されるので時間をかけないと充分吸収されないのである。ケイサン不足は苗イモチにかかりやすい、暖地では苗の生長が促進されるので、このことに充分注意することが大切なことになる。

暖地では、乾田苗代でも四～五葉期ごろに水苗代状態にするばあいがある。これは、ケイサン以外の養分吸収を促進させることに非常に役立っている。温度が高いので生長が速く、このために苗全体が若い細胞で構成されることになる。このことが植えいたみをおこしやすい苗にしている。そこで、このようなばあいは、必要以上に若い苗にしないことが大切で、その具体的なやり方として、分けつがあればそれだけ若い部分をかかえることになるので、その分だけでも除いておいたほうがよい。つまり、考えようによっては、すこし老化した熟苗を植えるほうが苗自身もしっかりして、本田でのイネつくりもしやすい。

前述したように、できればゆっくり生長させた苗を育てたいが、暖地では気温がそれをゆるさない。また、寒地とちがって栄養生長期間が長く、茎数や穂数を確保しやすいから、分けつ苗にこだわるよりも植えいたみの少ない苗をつくって、茎数は本田で充分とるようにこころがける。

三、稚苗育苗のばあい

稚苗というのは、田植機を使って植えられる苗で、育苗箱を使って室内育苗した、葉令が三ないし三・五葉までの苗をいう。また、稚苗よりも一～二枚葉数の多い状態まで育った苗を中苗といっている。

1、理想的な稚苗の姿

一口でよい苗とは、下位分けつが生きて、安定して茎数確保ができる苗である。このような苗は、どのような姿がよいだろうか。

モミから鞘葉のつけ根までの長さ（メソコチル）が三ミリ以内、第一葉の先までの長さが三・五～四センチ、これが理想的な条件である。この長さにおさまっていれば、鞘葉の位置の低い、見るからにがっちりした稚苗が仕上がる。

この二つの長さがきまれば、よほどへまをしないかぎり、そのあと伸びすぎることはない。よく稚苗の長さは、一二～一三センチがいい、長くても一五センチどまりだといわれている。たしかに、田植え時の長さは一二〜一三センチがよい。しかし、問題なのは、全体の長さではなく、メソコチルの長さと第一葉の先までの長さである。

これらが短くおさまっていれば、その後の温度管理や水管理で一二〜一三センチの予定が一五センチに伸びたとしても、苗のできとしてはあまりさしつかえない。つまり、二つの長さで苗のよしあしが判断できる。

次は活着と根の関係である。理想的な稚苗とは、鞘葉の位置が低くて基幹重が重く、本田に田植えした翌日から新根をだし、ずばりはえつくものでなければならない。よい稚苗は田植え後翌日に新根をだし、四日目には引き抜けなくなる。理想的な苗というのは、成苗でも稚苗でもまったくかわりない。

稚苗つくりは、せまい箱の中に苗代の一坪分ほどの種モミをびっしりまいて行なわれる。いいかげんなやり方では、田植えの翌日にすぐ新根がでるようなりっぱな苗はつくれない。活着する三・五葉期というのは、稚苗がどんな動きをしているのか、よい稚苗はとくにどうなるのか、はっきりつかんでおこう。

三・五葉には、鞘葉節冠根は大きくなって土の中へはいり、第一葉節冠根が発根をはじめている。箱の中で第一葉節の冠根がでたいというときを見はからって本田へ移植すると勢いよくでてくる。第一葉節冠根を生かすことのできる苗か、できない苗かによって、活着の早さがちがってくる。

第41図　田植え直前の稚苗

第一葉節の冠根がはたらきをやめるとなると、第二葉節の冠根にはたらいてもらわなければならない。しかし、あわてでようとしても、すぐにはたらきだすことはありえないので、一週間近くは待たなければならない。でてくる根は、細いし数も少ない。つまり、わるい苗は、第一葉節冠根がはたらきを休むので活着がおくれるのである。

また、三・五葉期に田植えができず、箱の中に長くおくと、第一葉節冠根がでかかっても土の中ではなく、空気にふれるので生育をやめてしまう。

もうすこしくわしく根の動きをみると、鞘葉節冠根は最高五本、第一葉節の冠根は八本でる。苗のできがわるいほど冠根の数は少なくなってしまう。とくに、田植えするときにでようとしている第一葉節冠根が八本でるかでないかは、活着に大きく影響する。この冠根が全部休むとなると、稚苗だけに大へんなことである。

第42図　稚苗育苗の作業手順

床土準備			種子準備			苗つくり				
採土	pH矯正	元肥	塩水選	浸種	芽出し	播種	出芽	予備緑化	緑化	硬化
前年の秋	播種一カ月前		六日間				四日間 育苗器		八日間 ハウス内	一〇日間 自然条件
						22日間				

2、稚苗育苗の方法

(1) 作業の手順

苗つくりの概要は第42図のとおりである。

育苗器に入れる前の準備としては、苗つくりの基本になる土つくりからはじまる。

土つくり　床土つくりでは、pHの矯正と土の粒子が稚苗つくりの土台になる。この土つくりは播種の一カ月前くらいに行なう。

種子の準備　種子の準備はもともとからいえば、前年の採種のときからということになるが、春の作業開始は塩水選からはじまる。充実のよい種モミがえらばれたあとは、浸種・消毒作業をへて、風呂を使った温湯浸によって芽出しが行なわれる。酸素を重視した管理で均一にハト胸ていどに芽出しする。塩水選から芽出し完了までほぼ六日間。

芽出しモミは、苗箱に播種され育苗器に入れる。一〇アールの苗箱は二〇～二二個。

出芽期　育苗器に入れて二日間三二度の温度にかけ、いっせいに芽をださせる。伸びた鞘葉の長さは一・二センチくらい。

予備緑化　この予備緑化は絶対に必要な操作である。これは育苗器の中で行なわれ、二日間弱い光をあて、一日目は二五度、二日目は二〇度で管理される。弱光線によって苗は黄ばんだ色となり、第一葉がでて、草丈は三・五～四センチとなる。

緑　化　予備緑化が終わったら、苗箱はハウスの中にならべられ緑化が行なわれる。温度は昼三〇度、夜一二度のはんいで経過する。ハウスに移して八日間で緑化が行なわれる。

ただし、寒地で外温の低いばあいは、緑化から硬化に移るときは硬化のはじめの二～三日はハウス内において、なるべく自然の状態になるような温度管理にして自然にならす。これを予備硬化と呼んでいる。予備硬化の期間は硬化期の中に含まれる。暖地でも緑化期が終わっても苗が軟弱なばあいは、ハウスの中で予備硬化をする。

硬　化　稚苗つくりの仕上げ期にあたる一〇日間で、自然条件できたえる。昼二〇度、夜一〇度くらいで経過する。

育苗器は一台に一〇八枚の苗箱がはいる。かりに一〇アール分の苗箱が二〇枚とすれば、一台一回で五〇アール分を育てることができる。たとえば、一五〇アールすべてを機械田植えでやるとして、育苗器を一台でやるとすれば、三回くりかえさなければならない。

育苗器は一回苗をつくるのに五日ほどかかる。これは、出芽期に二日、予備緑化に二日、前後の準備作業によるゆとりを一日みて計五日ということになる。

ハウスは、育苗器一台分（苗箱一〇八枚）に必要な面積は一二〜一五坪である。

手植えとくらべての田植え労力のちがいはどのくらいか。

手植えなら、三本植えで一〇〇株植えだと、一人が朝早くから夕方おそくまでやって七アールしか植わらない。

田植機であれば、八時ころから準備して、夕方の四時には四〇アールは終わっている。苗とりはいらないので、明日の準備と水まわりをするくらいである。それもおそくとも五時には終わる。

ただし、感ちがいしてならないのは、全体の労力ではかわらないことである。手植えの床つくりから田植え終了までにかかる全労力と、稚苗での全労力とは同じになる。

(2) 技術の要点

第一の目標は第一葉の展開

苗つくりがうまくいくかどうかは、第一葉をいかに順調に伸ばすかにかかっている。この期間は、出芽期をへて予備緑化をすませた段階で、このとき、伸びすぎもせず短くもない、第一葉の先までの長さが三・五〜四センチになるような育て方が目標である。

第一葉が正常にすーと伸びるようであれば、鞘葉節冠根がすーと根をおろすことになる。さらに重要なことは、活着に重要な役割をもつ第一葉冠根の素質がきまるという点である。

稚苗育苗では、苗の素質は二葉期で決定してしまうのだが、これを保証するのが第一葉の展開のさせ方である。第二葉段階で活力のある地上部をつくり上げるには、第一葉期の鞘葉節冠根の根張りがよく、早くから養分吸収のできる態勢にすることである。

第一葉展開時の三・五〜四センチというのは、やや徒長気味のように思われるが、この段階でずんぐりした小さな苗になっていては、苗を引き抜くとすっと抜けるような発根状態である。このときにすでに、土をもち上げるほどになっていることが、一つのポイントである。

予備緑化を完全に二日間やらないとこうはならない。その時点であるていどの温度をかけて、鞘葉節冠根も張らし素質もつくり上げ、二日目の二〇度のときには根が張って、鞘葉節冠根がでているという状態になっていないといけないのである。

苗を正常に生育させる。つまり、ここでいっている予備緑化で苗を伸ばすということは、次のような意味がある。

①葉面積を確保する。葉面積がないと苗に力がないので、活着分けつがおくれることになる。

②植えつけ時点に寒気のばあいやからっ風の吹くような空気の乾燥したときには、水管理は三〜四センチの深水にしないと葉がしおれる。このときに苗丈がないとこのような水管理はできない。苗丈といっても、第三葉の葉舌がでていることが望ましい。この際、苗丈が短いと、わるい気象条件のと

きに深水にすると、苗が冠水し、活着・分けつがおくれる。なお、五月上旬は地温一二・五度以上になっていても、悪天候のばあいが多い。草丈は一三センチ程度はほしい。

苗の素質は二葉期できまる

地上部は、緑化期の終わる二葉展開のころに一二センチくらいの草丈になる。第二葉が伸びきって、第三葉が中にあるころにほぼ苗としての伸長は止まり、その後の伸長はじわじわすすむ状態になる。

緑化にはいり葉の色が緑色をましていくごとに同化作用が旺盛になって、苗の素質が健全になる。だいたい二・五葉期までに葉幅と葉の長さをきめ終わらないと、それから後ではむりである。

一葉期から二葉期にかけては、苗の生育中もっとも伸長のさかんなころにあたり、それに比例して根の伸長ももっとも旺盛な時期である。

予備緑化の終わった一葉期には、すでに種子根をはじめ、鞘葉節冠根が伸びて、箱の底の板にあたり、上向きに伸びてくる。そして、二葉期には、根は箱いっぱいにはびこり、土をもりあげるようないきおいになることが必要である。こうなれば、地上部の同化能力が高く、根の養分吸収も旺盛で、自立した活力のある素質となる。

苗の伸長が順調にいかないばあいは、根が底につくのがおくれ、それにともなって養分の供給が少ないので、二葉期にはいっても自立する条件がととのわないので、胚乳依存型の育ち方になってしまう。また、徒長型で伸長した苗は、力強い鞘葉節冠根の発生が行なわれないので、全体に根量が少なく、地上部と地下部のバランスのとれない苗となる。

Ⅶ 生育初期

一、田植え

1、栽植密度

イネの収量は、どのていど有効に光利用ができたかによってきまる。したがって、光環境をどうしたらよくできるかにかかっているわけである。光を逃さずに同化してデンプンにかえていくことであるから、出穂後に株間の地面に光がさんさんとあたっている条件、つまり疎植ではあきらかに光利用はわるく、収量はおちる。そこで、株間を密にして光利用を高めるようにする。しかし、一定以上に密度が高まると、お互に交差し、日陰をつくり、光利用はそれ以上にはあがらなくなってくる。そこに栽植密度の限界がでてくる。

それでは、その限界が収量の限界かというとそうではない。さらに限界をこえるためには、受光体制がいまより以上によくなることも考えられる。つまり、いまよりもっと直立した葉がつくようになれば、一定面積当たりの日を受ける葉の数がふえることになり、同化量はそれだけ多くなる。もう一つは、収入だけでなく支出をおさえること、つまり、ごく小型のイネにし、しかも呼吸量の少ない、炭水化物の消耗の少ないイネをつくり、収支差引きで蓄積分を多くする方向である。また、この小型のイネは、密植になっても受光体制がよいという利点にもなる。こう考えてくると、光利用の方法はまだまだ残されているし、その限りでは収量に限界がないともいえよう。

(1)　密植には限界があるのか

とにかく現状でいうならば、肥料を極端に少なくして草の茂りをおさえながら密植してゆけば、坪当たり八〇〇株植えくらいまでは、株数に応じて収量は少しずつあがる。しかし、それ以上ふやしても、収量はもうあがらない。いま、かりに四〇株植えにしたとき一株のイネの穂数が一五本であったとする。それが株数がふえてゆけば、分けつ数は逆にへってゆき、八〇〇株にもなると、一株の分けつはせいぜい生きのびて一本、主茎とあわせて二本の穂数になる。しかし、坪四〇株植えでは、一五×四〇だから坪当たり穂数は六〇〇本。これに対して八〇〇株植えは一六〇〇本の穂数。つまり八〇〇株までは、植え株数に応じて坪当たりの穂数が多くなり、少しずつ収量がのびることになる。

ところが、植え株数八〇〇株から一〇〇〇株になると、もう分けつはでなくなり、主茎が一本になってしまう。そうなったら、分けつ数はもうへりようがないから、植え株数をふやしたら、それだけ坪当たりの穂数がふえてとくではないか？　ということになろう。しかし、どっこいそうはいかない。たしかに、一〇〇〇株以上植えてゆくと、その数だけ穂数はふえてゆく可能性はある。イネはどんな環境でも、一つの穂だけは確保したいという執念をもっている。

だから、一〇〇〇株以上植えてゆくと、たしかに株数に応じて坪当たりの穂数はふえてゆく。しかし、いまの実験のように、粒数がひどく少なくなってしまい、ふやした植え株数が、そのまま収量にやくだたなくなる。

イネは、たくさんの仲間といっしょになって、共存共栄してゆくために、仲間がふえればふえるほど自分のからだを小さくして、自分の要求を少なくする。しかし、一〇〇〇株植えになるとこれ以上分けつ数を少なくしてからだを小さくする手がなくなる。主茎一本だからへりようがない。そこで急激にモミ数を少なくして自分も生きのび、仲間も生きのびようということになる。これが八〇〇株以上植えても収量がふえない大きな原因である。

こんなことを考えると栽植密度には限界があると考えてもよいわけで、田植えのときの植え株数をきめる原則である。

実際には、よい苗をつくり肥料を与え、からだを大きくするから、収量は、六〇株から一二〇株くらいで頭打ちになる。

(2) 光効率を高める植え方

ところで、限界があるというのは、それ以上になると光の分配がわるくなるということである。イネは多勢の仲間と共存共栄するために、からだを小さくするといったが、それは人間からみたときの話で、その実体は光環境にあるわけだ。個体がふえると、各個体ごとの光の分配が少なくなるために分けつも少なく、小さいからだになり、穂も小さくなってくるわけである。そうなるとすれば、同じ密植をしながらも、しかも光の分配をかえることができれば、収量は一段階あがることになる。しかし、先ほどの収量限界の法則のばあいはこういう形ではなくて、一定の法則のなかでうごかしているだけなので、それでは、六〇株植えでも、一二〇株植えでも収量にかわりがない。そこで、どうせ同じ収量なら六〇株のほうがよいということになる。

ところが、この光効率を植え方によってかえていくことができる。それが、並木植えであり千鳥植えである。つまり同じ株数でありながら、個体に対する光環境をかえていくという発想ともいえる。

また、一般にチッソの吸収が出穂期で頭うちになるのは、初期の分けつが全部有効化しないばあい、つまり、一部の分けつが出穂せずに枯死してしまうような生育型のイネに多い。ふつうのイネが、出穂後になるとチッソの吸収が少なくなるのは、チッソが不要ということではなく、穂の生産に必要なチッソは、下葉や茎などから不要になったチッソを再利用するために、見かけ上はチッソの吸収が少ないようにみえる。その意味では、無効分けつのチッソが生育後期のチッソの再利用に大きな役割を果たしているわけである。

したがって、並木植えや千鳥植えのように無効分けつがないばあいには、生育後期のチッソの吸収は正方植えのばあいとちがってくる。つまり、並木植えや千鳥植えでは出穂後に必要なチッソを、無効分けつからもらうことができないから、その分だけでも多く吸収しなければならない。また、根は健全だから出穂後も充分に養分をとりこむことができて、登熟期間中、衰えがちな葉のはたらきを高め、登熟が円滑にすすむ。

(3) 植え方とイネの姿

しかし、植え方をかえて、並木植えや千鳥植えにしたからといってそのまま多収にむすびつくわけではない。植え方をかえると同時に、イネの体制も小型にもっていくようなつくり方をしないと、かえって倒伏の原因になったり、光効率がさらにわるくなったりする。へたをすると万べんなく植えた正方植えのほうが光のあたりがよく、かえって収量が多いということもある。

くどいようだが、やはり光効率のよい草型にしたうえで、並木植えにかえなければ理論どおりにはいかない。

生育前半を小型のイネにする考え方にかわれば、かえって並木植えのほうが生育調整は楽だし、理想的な生育コースを歩むことができる。そうでなく、いままでどおりの大型のイネをつくるようでは、株間が密なだけに早くから株元が日陰になり、そこが徒長し、倒伏しやすくなる。

2、一株苗数のきめ方

一株の苗数が少ないほど、一本一本の苗の能力はよく発揮されるが、それだけに苗の能力のちがい

第43図　一株の苗の数と環境

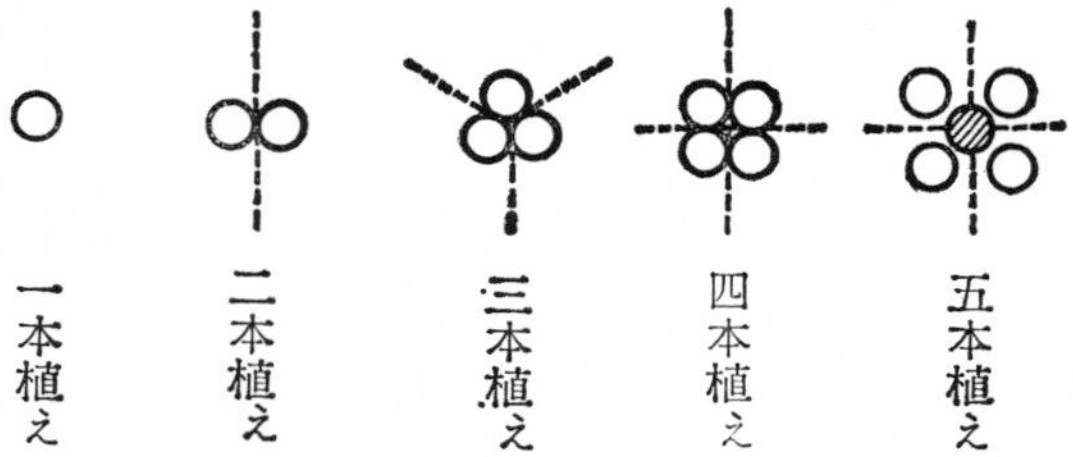

点線と点線の間が１本の苗の領分である。５本植えの中央の苗は，他の４本の苗よりわるい環境におかれるから，苗数の割合に苗の能力は劣る

から株ぞろいをわるくしやすい。また、苗数が少ないと、必要な穂数を育てるのにそれだけ多く分けつしなければならなくなる。一次分けつだけでは間に合わなくなって、二次分けつ、三次分けつまでも必要になる。そうなると、穂がふぞろいになるだけでなく、おそくまで分けつがつづくので有効茎歩合がおちる。元肥も多く必要になり、その後の大切な追肥がやりにくくなることもある。

一株の苗数は、株数にもよるが、必要な穂数に対して一〇分の一以上ほしい。すなわち坪当たり一五〇〇本の穂数を必要とするときには、坪当たりその一〇分の一の一五〇本以上、坪当たり七五株植えでは、一株二本以上にしないと、よい穂数を安全にそろえることがむずかしい。分けつのでにくい品種や場所では、必要穂数の五分の一、すなわち坪当たり一五〇〇本の穂数を必要とするときには坪当たり三〇〇本の苗数が必要となり、坪当たり七五株植えなら一株四本植えていどとなる。

しかし、一株の苗数は、特別なばあい（ごくおそ植えだとか、冷水がかかりだとか、分けつを期待できないなど）を除いては四本植えが限度である。それ以上は第43図でみられるように、苗の能力が劣るだけでなく、おたがいにわるい環境をつくりやすい。

3、畦幅と株間のとり方

苗の能力を充分発揮させるには、一株の苗数は少ないほうがよいが、親茎に近い強勢な茎だけで必要な茎数、穂数をそろえようとすれば、当然株数をふやさなければならない。多収するには、茎の数とともに茎の質を重要視するから、少苗密植の田植え様式によるのである。この密植のばあいに考えなければならないことは、株間への日射のとおりの問題で、これは畦幅と株間に関係する。また、日射以外にも畦幅と株間がイネの育ちにおよぼす影響（養分のせり合いだとか、分けつの多少だとか）も考えて適当な畦幅と株間をきめる。

いま、日射の面から畦幅、株間をみると、そのどちらも広いほうがよいことになる。しかし、茎の質を考えて株数を多くすることになるから、その両方を広くひらくというわけにはいかない。そこで一方の畦間だけを広くするいわゆる並木植えの様式をとることになるが、そのばあいの畦間は、何によってきまるか。それをきめる要素は、①草丈の長短と、②葉の繁茂の程度、の二つである。草丈が長ければ長いほど、葉がよくしげっていればいるほど、畦間をひろくとらなければ、日射は畦間深くとおることはできないからである。一般には、つくっている品種の、最長になったときの草丈の三分の一以上、つまり、一メートルの草丈の品種では三三センチ以上、六〇センチの草丈のイネでは二〇センチ以上ということになる。さらに、葉が横にひろがる品種だとか、上位の葉が非常に大きくなる場所だとかつくり方のばあいは、それ以上ひろくしなければならない。

株数がきまっているときには、畦間を広くとればとるほど、株間はせまくなる。そしてその株間が、ある程度をこしてせまくなると、分けつがひどくおさえられて、必要な茎数がそろわなくなったり、作土の浅いときなどには茎が細くなって、大きい穂をつけなくなる。ふつうは一株の苗数が少ないほど、株間距離はせまくてもよいが、一株の苗数が多くなるにしたがって広くしなければならない。一株四本植えのときの例をとると、穂重型品種では一二センチ程度、穂数型の品種では一五センチ程度が限度であって、これよりせまくなると、生育のかなり初期から株間干渉がおき、太い茎が育ちにくい。

したがって、株間を株間干渉のおこらない範囲で広くとって、坪当たりの株数から畦間を計算すると、畦幅が草丈の三分の一にみたないことがある。たとえば、坪当たり一五〇〇本の茎数を必要とするとき、一株二〇本平均に育てるとすれば、坪当たり七五株植えなければならないが、草丈一メートルの品種は畦間を三三センチ以上ひらかなければならない。ところが、株間を一二センチにすれば畦間を約三七センチとることができるが、穂数型品種で株間を一五センチ以上必要とすれば、二九・四センチしかひらくことができない。

このようなときには、一応坪当たりの株数をへらして、畦間をもっとひらくことが考えられるが、そのばあいは一株穂数が多くなる。たとえば、坪当たり七五株を六〇株にへらせば、株間を一五セン

第44図　畦幅と株間のきめ方

株間15cm　坪当たり75株のばあい

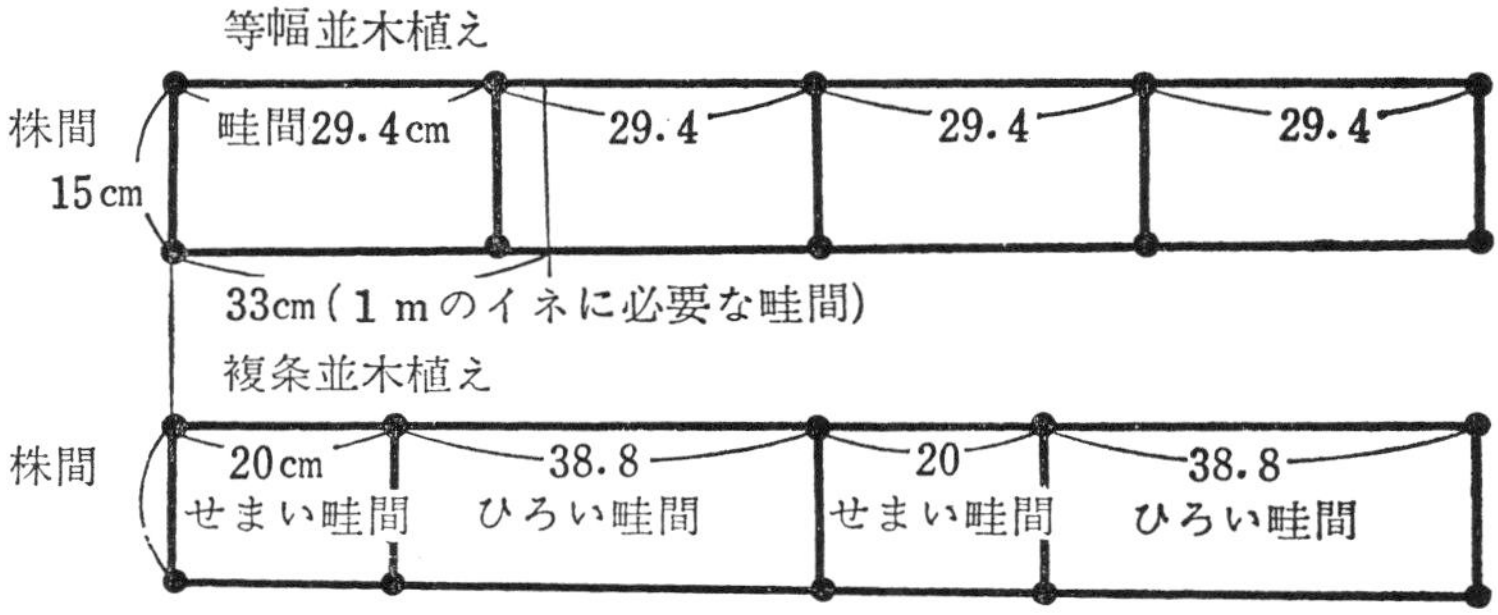

株間15cmで坪当たり75株のばあいは，平均畦間29.4cmとなるから草丈1mの畦間（草丈の⅓33cm）よりせまくなるので複条並木植えにして畦間をひらかねばならない。
複条並木植えの畦間は平均畦間29.4cm×2＝58.8cm
58.8cm×⅓＝約20cm　せまい畦間
58.8cm×⅔＝約38.8cm　ひろい畦間

株間12cm　坪当たり75株のばあい

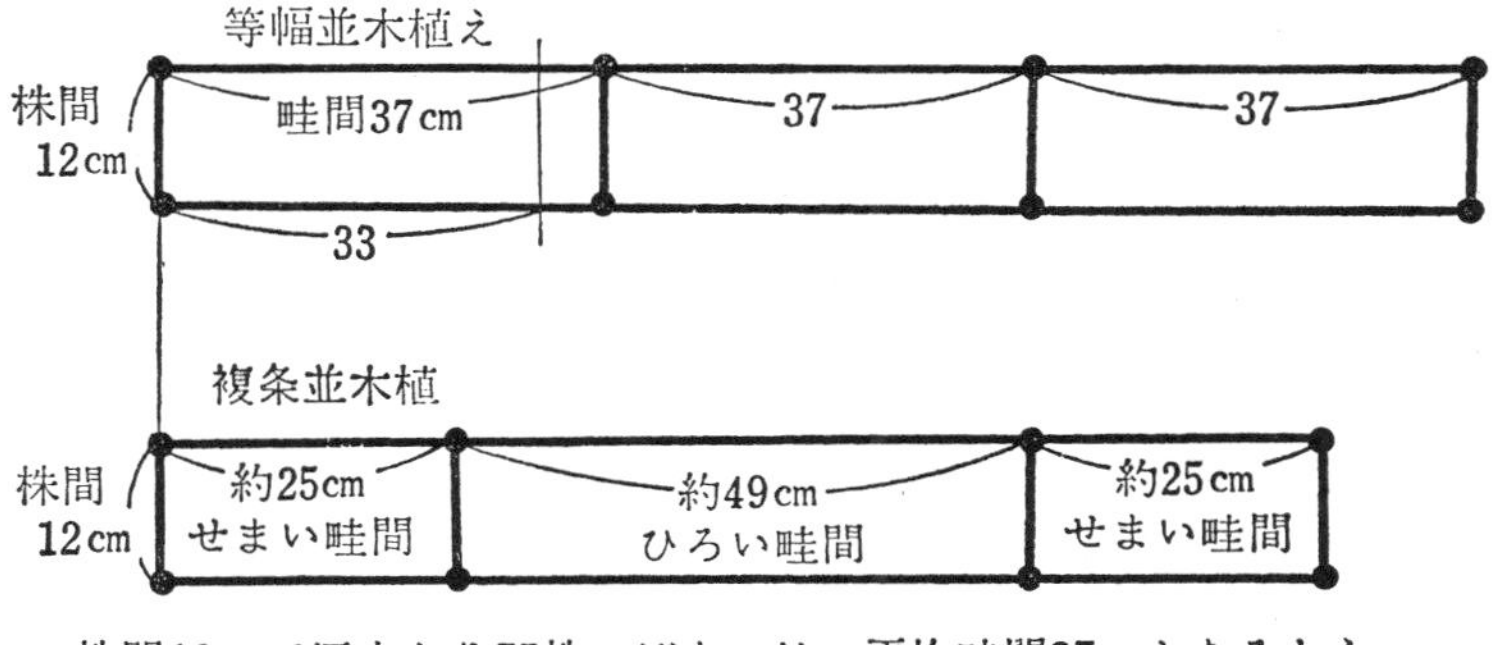

株間12cmで坪当たり75株のばあいは，平均畦間37cmとなるから
複条並木植えでは37cm×2＝74cm
74cm×⅓＝約25cm　せまい畦間
74cm×⅔＝約49cm　ひろい畦間
草丈1mで畦間はその⅓33cm以上を必要とすると，等幅並木植えでもさしつかえない。複条並木植えにすると12cmの株間と25cmの畦間の二面の影響で等幅並木植えより生育収量の劣るばあいがある。

チにひらいても、畦幅を約三七センチにひらくことができるから、畦間は草丈の三分の一、三三センチよりせまくならないが、一株二五本の穂数を確保しなければならなくなる。一株の穂数が多くなることは、それだけ一本一本の茎の育つ条件がわるくなるので、質的に劣ってくるから、作土が深く、養分の多いばあいでないと、よい穂をつくり、よいみのりをみることがむずかしくなる。しかし、排水または節水して、ムダ茎の発生と草丈の徒長をおさえ、株ひらきを助けて日射のとおりをはかり、養分の不足を補えば、質の悪化を防ぐことができる。一株の穂数が多くなればなるほど、穂の平均の大きさは小さくなる。

すなわち、一株二〇本くらいまでは、小さくなり方が少ないが、それ以上になると急に穂が小さくなりやすい。したがって、一株の穂数を二〇本程度におさえることは、平均穂長を長くたもつのに重要である。

いま、一株穂数を二〇本におさえるとすれば、坪当たり一五〇〇本の穂数をつくるには七五株を必要とする。しかも株間を一五センチひらかなければならないとすると、一メートルの草丈のイネに必要な畦間三三センチ以上ひらくことができない。そこでこのばあいは複条並木植えによって畦間をひらいたほうがよい。しかし、株間の限度をこえないばあい、つまり前の例のように、株間一二センチでもよいときに、株間を一二センチにして坪当たり七五株の複条並木植えにすると、狭い畦幅、株間の影響が、等幅並木植えより強いので、生育、収量が劣るばあいが多い(第44図)。

複条並木植えの畦幅のきめ方は、株間距離によって計算された等幅並木植えの畦幅を二倍して、その約三分の一をせまい畦幅とし、三分の二をひろい畦幅とする。

4、田植えのやり方

よい苗をつくるために、節水または間断潅水などによって育てると、苗床の土はかなりかたくかたまることが多い。これを防ぐために、焼きモミガラを多量にまぜ合わせたり、床土を別につくったりするのだが、それでも苗とりのときは土がかたくなってとりにくい。それだけ苗の根も切れやすく、根の切れかたが多ければ多いほど、水を吸う力がよわくなり、植えいたみを多くし、活着に手間どる。

とくに、ビニール畑苗は、苗床の根が本田でそのまま養分も水分も吸うりっぱな根としてはたらくし、根の中に多量の養分をたくわえていて、空気不足に対しても、低温に対しても、強い抵抗性をもっているのだから、根をできるだけ切らないことと、日光や風にさらして枯らさないようにすることが大切である。

苗は、腰を折ったり、葉をいためることはできるだけさけたい。

苗とりは、田植えの日の早朝に行なって、とりおき苗はできるだけ使わないように計画したい。とくに暖かい地方や季節には、苗の呼吸消耗がはげしいから、とりおき苗にならないようにし、新根がふきだしたとりおき苗はさけたほうがよい。

田植えは、寒地では暖かい日の午前中か、あるいは午後三時ころのまだ暖かいあいだに終わって、すぐに苗の長さの三分の二くらいに水を張り、その水があたたまるだけの時間があることがのぞましい。寒い風の日や夕方おそくなって、地温水温の上昇がのぞめないときには、活着、生育がひどくおくれることになる。

暖地の七月ころの田植えでは、この温度の心配は全くないが、田植え後の植えいたみを防ぐことが何より大切で、根からの吸水と葉からの蒸散がつり合うように深水にする。

二、生育初期の生長

1、生育初期の姿

(1) 生育初期は小柄に育てる

出穂三〇日前ころに理想の姿にもっていくことが目標になるが、そこに到達するまでにはどんな姿で育てたらよいのだろうか。理想的な苗の姿というのは、出穂三〇日前の姿をそのまま小さくしたようなもので、田植え後は、その姿を維持していけばよいのである。

理想の苗の姿をそのまま維持するといっても、田植えという大手術があるために、色はおちてく

第45図　生育初期の生長の変化

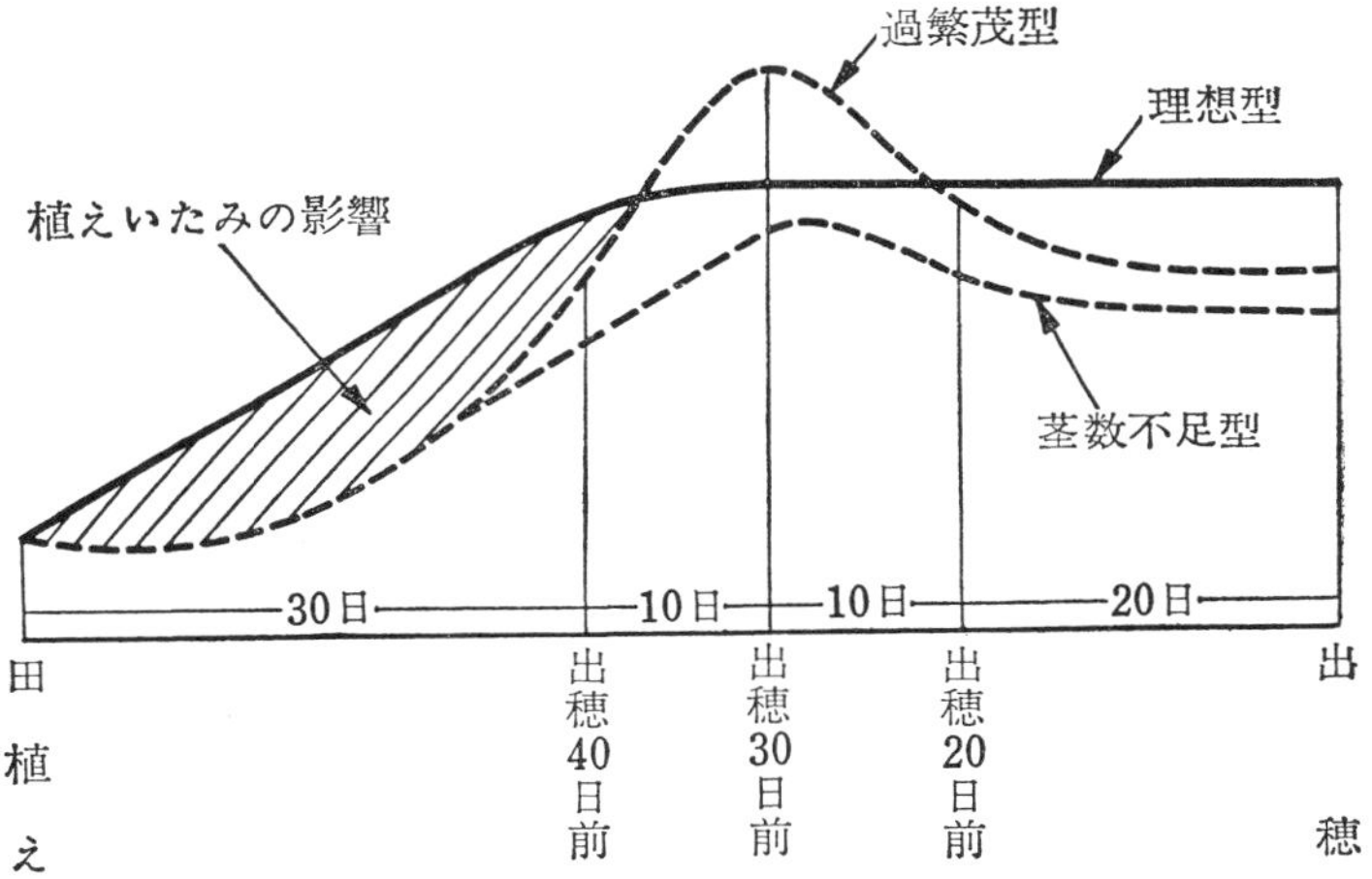

る。そこで色をさめないようにくふうするわけであるが、早く回復させようとして、チッソ分を多くすると、みかけの生育はよくなっても、正常な生育のコースとはほど遠いものになってしまう。

かえって、この時期はみばえのしない姿でもっていったほうがよい。葉の色は薄く、葉鞘の色は濃いようなイネであれば理想だが、田植えによって養分が消耗し、葉鞘の色が薄くなり、活着したころは、葉の色と葉鞘の色はほぼ同じくらいになる。しばらくはこの状態がつづき、しだいに葉鞘の色のほうが濃くなってくる。チッソを過剰に吸収させたイネは、葉鞘よりも葉の色が濃いものである。

極端ないい方をすれば、分けつ期のイネは、分けつ芽が休眠しないでいて、ようやく生長しているていどの生育にする。むしろ草できを旺盛にするほうが危険である。途中の草できはだれにも負けない、そんなイネの姿

第46図　環境条件と出葉速度

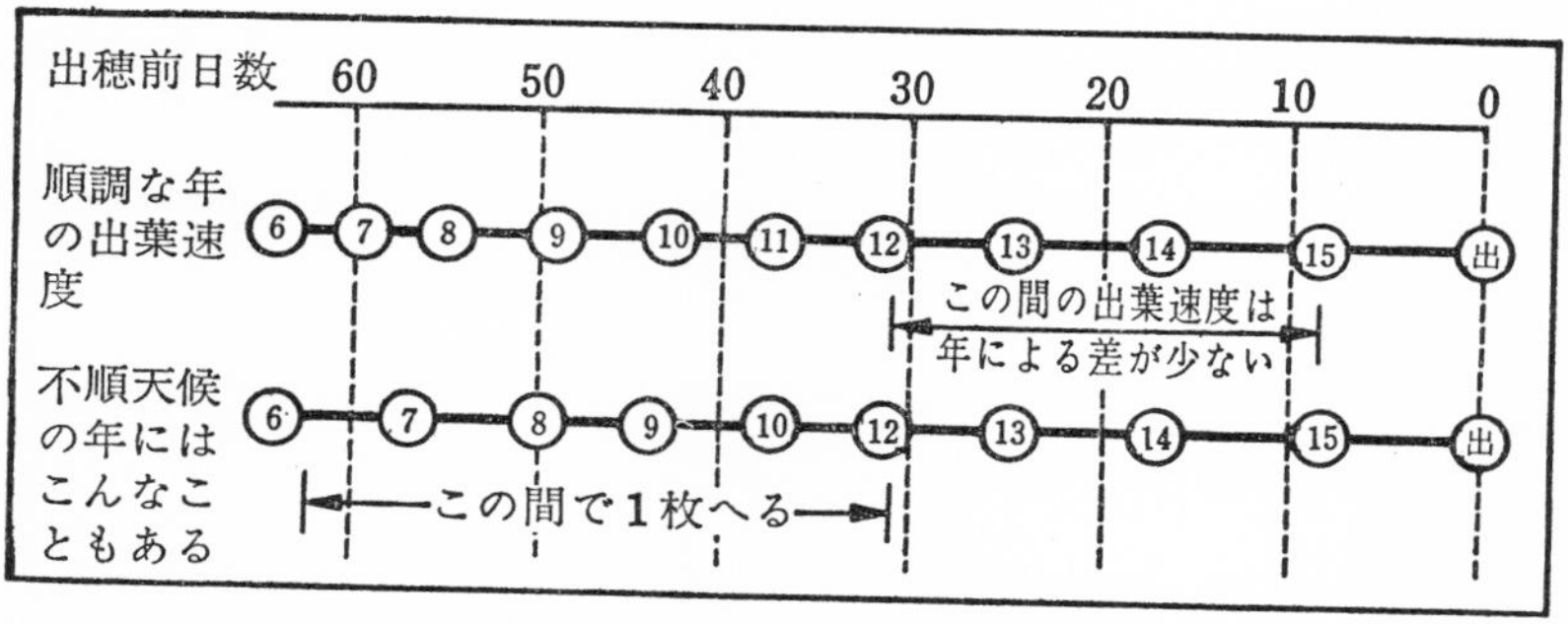

がよいと思っているうちは多収できない。

(2) 初期生育がわるいと出葉が乱れる

田植え後の出葉速度がおくれるのは、気候の影響もあるが、そのほかに苗の素質も大きく影響する。養分の蓄積の少ない発根力のない苗では、活着するまでは自分のからだの養分を消耗して生きている状態だから、出葉はなかなかはかどらない。ふつう植えつけ直後は、葉が一枚でるのに一週間はかかる。その後はほぼ五日に一枚のテンポで出葉し、生育がすすむにつれて期間も長くなり、出穂間近になると一〇日に一枚といったぐあいになる。

しかし、これは年によってもちがうし、栽培環境によってもずいぶんちがってくる。第46図は、同じ品種を同じ時期に植えたものであるが、上は順調なテンポで出葉した年の例で、下の不順天候の例では七葉から八葉、さらに九葉の間が非常に長くかかっている。これは天候不順が原因だが、その後、一〇↓一二はむしろ短期間ですみ、結果としてはそれほどの差がでていない。つまり、図の下の例のような生育は順調なテンポですすまなかったことを意味している。

初期の出葉の速度が間のびして極端に時間がかかるようになるとどうなるか。そんなときは、葉が一枚へることになる。ふつうなら一五枚でるはずの品種が一四枚になってしまうのである。この葉のへる時期は、いつだろうか。

ふつう後期にでる一二葉以降の出葉速度はかわらないから、それ以前にでる葉が、へることになる。いろいろな品種と対照してみるとわかるが、へりそうなイネは、いくらかずつ出葉速度がのびてきて、その品種より五〜七日おそい品種と同じ出葉速度になったり、早生種のほうが晩生種よりおそくなったりする。早生種のほうがおそくなって、そのまま葉数がへらないですすんだとすれば、晩生種よりもおそく出穂することになる。実際にはそんなことがないので、そのへんをよく観察していると、葉が一枚へるかどうかの判断ができる。

この際、品種による葉数の標準は、主稈の葉数であるから、まちがえないように注意する。また、一五葉の品種のものなら、おそくとも一一〜一二葉がではじめるころには判断がつくはずである。

葉数が少なくなるということは、それだけ葉の生長に時間がかかっていることになり、葉は正常なものより大きく、見かけの姿はよくなる。しかし、葉が少なくなるのだから、その分だけチッソはややもちこしぎみになる。

この現象は、天候のよい年にはほとんどおこらないが、素質のわるい苗を植えたときとか、また植えつけ直後の温度管理などのまずさによって、ほかのイネより生育がおくれたときなどにあらわれる。

一方、分けつのほうは、葉が一枚でるごとにふえていくのであるから、茎の育ちのほうもぎくしゃくし、充実したものがえられないことになる。

2、分けつ確保のしかた

植え株数や植え方は、出穂後の受光体制を考え、過繁茂をさけながら密植するのが基本であることが理解できたと思う。

さて、出穂期に一四〇〇本の穂数を夢みても、できすぎたり、分けつ数が少なかったりで予定どおりになかなかゆかない。そこで、分けつ数の確保のしかたが問題になる。

かりに、坪当たり七〇株植えとすれば、一株二〇本の分けつで一四〇〇本になり、これだけあれば一応、七五〇キロどりは可能である。一株二本植えとしたばあい、二〇本確保するためには、苗一本当たり一〇本の分けつでたりることになる。計算上からいえば、この一本植えたものを、一〇本に分けつさせるためにどうもっていくかが、生育調整の基本になってくる。

(1) 分けつの規則性を生かす

前に説明したように、イネの本葉四枚が伸びだすと同時に、第一葉から一次分けつ一本がまず伸びだす。ついで本葉五葉が伸びだすと、こんどは、反対側の第二葉からやはり一次分けつがでてくる。

第2表 分けつのしかた

(A) 苗代分けつがそのまま生きたばあい

主茎の葉数	一次分けつ	二次分けつ	三次分けつ	主茎も含めた茎数
8	5	2	0	8
9	6	3	0	10
10	7	4	1	13
11	8	5	2	16
12	9	6	3	19

(B) 苗代分けつがでないばあい(1，2葉分けつがでない)

主茎の葉数	一次分けつ	二次分けつ	三次分けつ	主茎も含めた茎数
8	3	0	0	4
9	4	1	0	6
10	5	2	0	8
11	6	3	0	10
12	7	4	1	13

このように本葉の生育に調子をあわせて、分けつが規則正しくでてくる。しかも、一次分けつの葉が四枚目になると、その後の分けつ(二次分けつ)も同じ規則にしたがってでてくるので、イネの分けつは日をおってネズミ算式にふえてゆく。

これは、苗代分けつが死なずに、生きたばあいの姿である。この調子でゆくと目的の茎数一〇本は、いつ確保できるかというと第2表(A)のようになる。本葉九葉で、一次分けつ六本、二次分けつと親茎をあわせると計一〇本になる。

このうち、本葉六葉までを苗の時代とすると、本田にはいってからの分は、わずかに三枚分の期間になる。一枚の葉がでるのは種類によってもちがうが、五日～七日ぐらいで平均六日とみても、田植え後、一八日あれば、一〇本の茎が確保できることになる。もし五月二五日に田植えすれば、必要な茎数は六月一二日に確保できる。実際は活着でおくれるから、六月二〇日ごろということになる。

ところで、分けつ発生の規則性にしたがってイネの思うままに分けつをさせておくと、一〇葉期には一三本、一一葉期には一六本にもなり、一株では三二本にもなって計画の五割ましになってしまう。

過繁茂をさけた小柄なイネを希望する私たちにとっては、止葉を一五葉とすると、一一葉期は六月末から七月はじめをねらい、この時期までに、ほぼ目標の一株二〇本にして、あとは分けつさせずにもちこみたい。畑苗のように分けつ力のつよい苗は、このために過剰分けつが問題になる。

次に、苗代分けつが死んだばあいを考えてみよう。第2表の(B)からわかるように、このばあいは、一一葉期でぴったり一〇本。しかし、これは苗代分けつが生きないばあいであるから、活着もおくれがちで、実際は、もっとあとのころに一〇本になる。いずれにしても、この理くつでは、下手によい苗を使って分けつを生かすより、少しおくれて分けつさせたほうが目的の茎数確保にはよいということになるが、これはあくまでも計算上のことであって、実際は問題がある。

二本植えにして互に光の陰になったり養分が不足すると、伸びる分けつも伸びられなくなる。分けつ同士は、親子関係でなく本家と分家の関係であることは、先に話したとおりで、いきおいのよい分けつが、ほかの分けつの養分をとりあげてしまうばあいはいくらもある。それだからこそ、私たちは、肥料や水管理で、必要な茎数を確保できるのである。

環境はどうあっても、でるものはだすといったイネであったら、分けつの調整などできるはずがなくまったくお手あげだ。

(2) 二次・三次分けつ

もう一つ重大なことは、一次分けつはよくて二次、三次分けつはわるいという迷信である。

ご承知のように、本葉からでる分けつを一次分けつといい、一次分けつから枝分かれしたものを二次分けつという。二次、三次分けつはよくないというのは、でてくる時期がおくれることに問題がある。おそくなればなるほど穂をだしたときの葉数が少なくて葉面積が小さくなるために、出穂後、光を利用して穂にデンプンをためこむ能力が弱いからだ。

その意味では、一次分けつでも、一二葉期になってでてきた一次分けつは、九葉期にでた二次分けつよりも、出穂時の葉数が三枚も少なくて、分けつとしては落第。九葉期の二次分けつのほうがはるかにりっぱである。

その意味では、分けつは早めに確保して、あとはださない考えが大切になる。したがって、分けつ苗を生かす技術があれば、その技術を生かして、必要な茎数を少なくとも七月はじめにしっかり確保し、あとはださない考えのほうが賢明である。

分けつ苗に自信のない人は、一株を二本植えなどにせず四〜五本にすれば、苗一本に対する分けつの期待数は半分の五本以下になり、安全に早く分けつが確保できる。しかし、だからといって、一〇本植えにしたらと考えるのはまちがいだ。生育中期の過繁茂になる前から株の中で競争がはげしくなり、しかも、株の中が早くから暗くなるので、分けつはたやすくふえても、貧弱な分けつになってしまう。

では、どうして分けつの規則性をおさえて自分のすきなイネにするか。もうお気づきと思うが、活着をよくし、早くでた分けつには適当な肥料を与え（表層施肥）、元気づけ、おくれてでてくる分けつをおさえること。そうして少しずつ肥料が効くようにし、あやまっても、あとにでてくる分けつに養分をわけてやるようなイネにしないことである。

(3) 分けつ確保と苗の分けつ

出穂三〇日前ころのイネの姿で収量がきまることは、すでに一般の常識になっている。出穂三〇日前のイネの姿は、必要な茎数があって、一本一本の茎がよくそろい、よく充実していて、炭水化物の蓄積量が多く、後半の追いこみがきくような健全な根に育っていれば、増収はまちがいない。こうしたイネは、けっして過繁茂型ではなく、一本一本の茎によく光線があたる受光体制のよい姿になっている。

田植えから出穂三〇日前までの期間は、品種や栽培時期によってもちがうが約四〇日間ある。しか

第47図 苗の分けつと茎数確保

1号分けつから生かしたイネ　　4号分けつまで休んだイネ

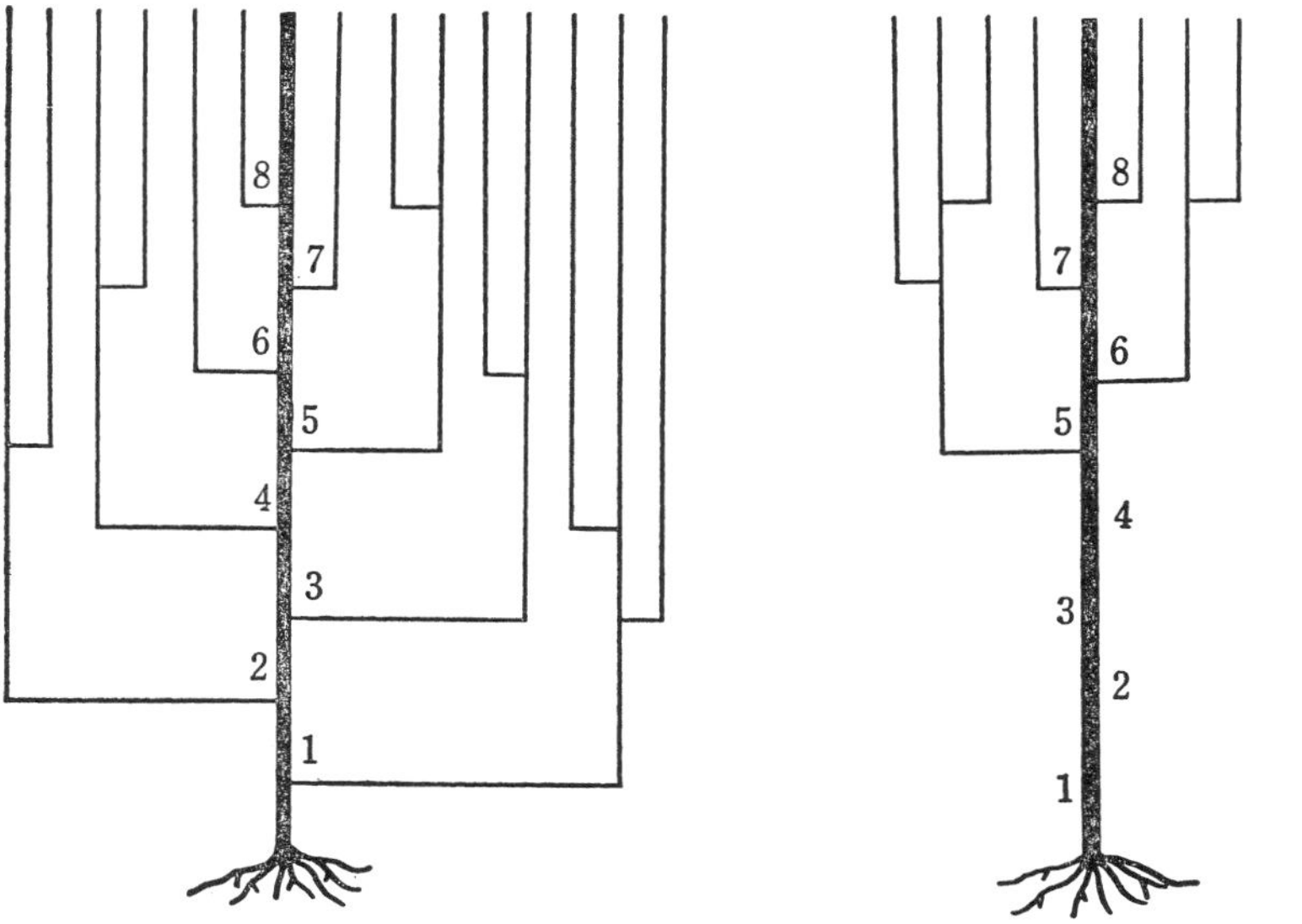

し、出穂三〇日前ころに炭水化物の蓄積量が多く、一本一本の茎を充実させるためには、一歩手前のところ、つまり出穂四〇日前ころまでに必要茎数を確保しておかなければならない。となると、田植え後の分けつ期間は約三〇日間になる。この三〇日間で必要茎数のすべてを確保するというのはむりである。

元肥のチッソ量を多くすれば、茎数はかんたんにふえる。だが茎の充実はわるくなるばかりでなく、不必要な茎もでてくるし、茎数確保の時期もおくれてしまう。

茎数確保が大切だからといって、一株当たりの植えつけ本数をふやすのはよくない。なぜなら、株の開き方がにぶり、一本一本の茎の環境がわるくなり、弱い分けつしかでないために茎は充実しないからである。

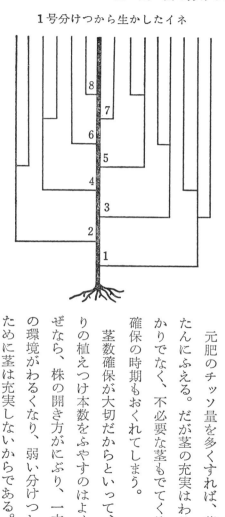

第48図　正常な苗の分けつ経過

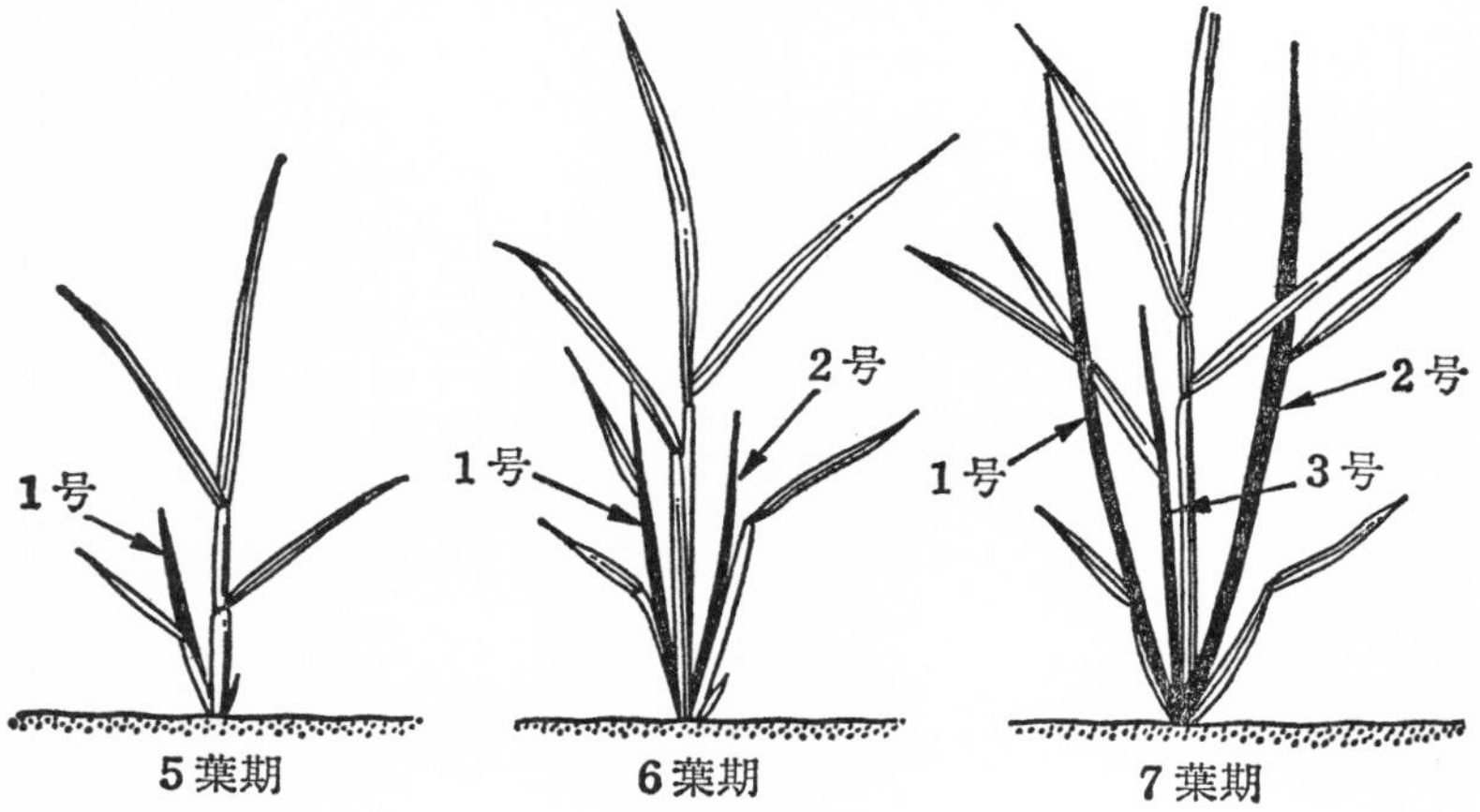

茎数の確保、茎の充実を考えると、田植え後の本田での分けつだけにたよるのはむりな話で、どうしても苗にたよらざるをえない。田植えと同時に必要な茎数の三分の一くらいを確保しておけば、残り分の茎数確保はらくになり、茎を充実させるゆとりもでてくる。

株の開張性をよくして茎の充実をよくするためには、苗時代の分けつが大切になる。だが、分けつしていればなんでもよいかというと、そうはいかない。いくら分けつが多くても、田植え直後の植えいたみで死ぬような苗ではなんにもならない。植えいたみしないような苗に育てるには、発根力の旺盛な素質が必要になってくる。

離乳期をすぎ、第五葉が出葉しはじめると、不完全葉(第一葉)のつぎの葉、第二葉から一号分けつがでて、第五葉の葉といっしょに伸長してくる。第六葉のときは二号分けつがでて、一号分けつの葉数が二枚になる。第七葉のときには三号分けつがでて一号分けつは三枚の葉をもち、二号分

第49図 よい苗わるい苗の分けつの内容

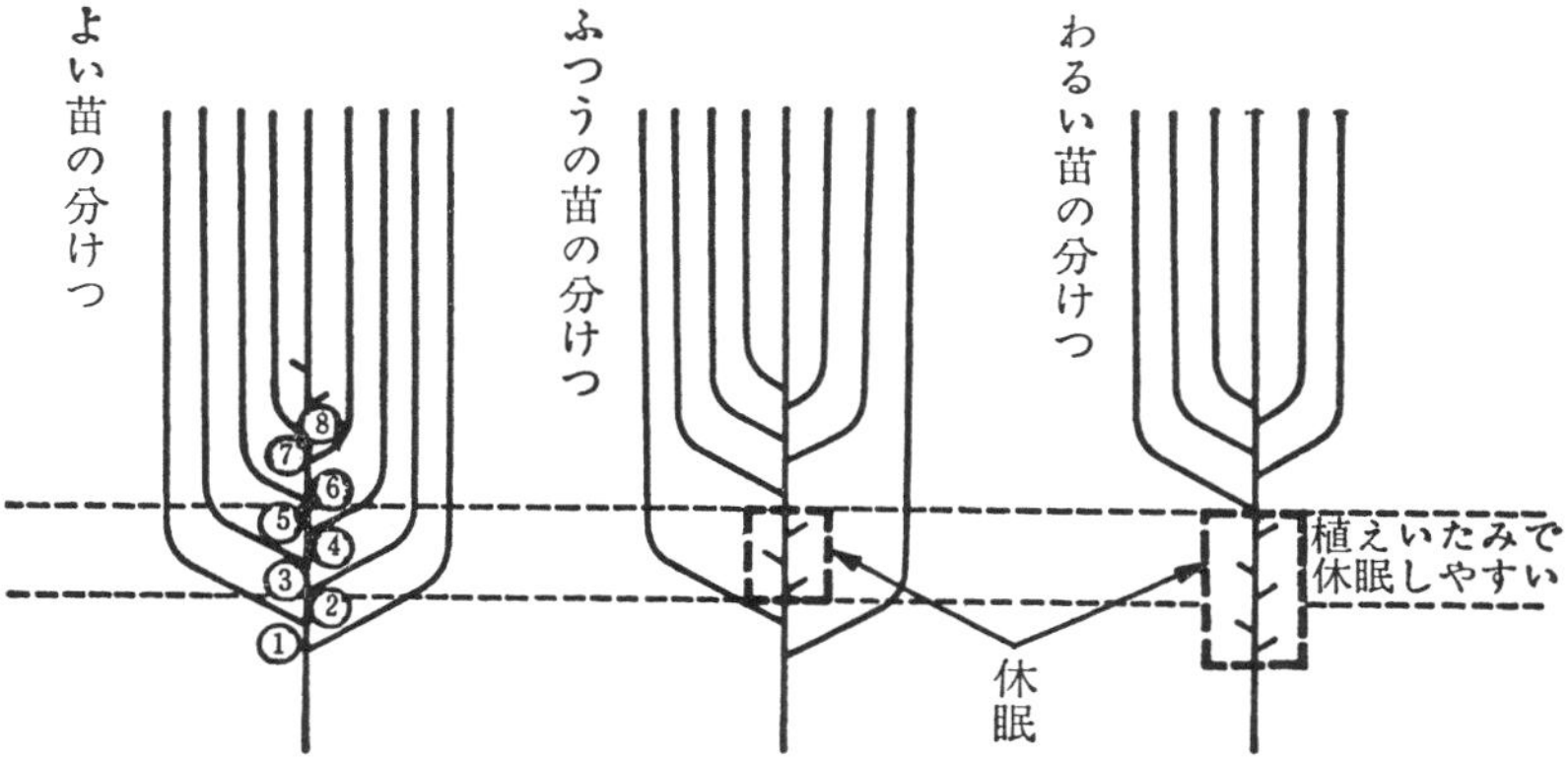

けつは二枚の葉をもつようになる。

五葉のときには主稈とともに二本になり、六葉のときは三本になり、七葉のときは四本になる。不完全葉からも分けつはするが、それがないとすれば、これ以上の分けつはしない。これが正常な苗の発育である。もし、このとおりの分けつがでなかったら、その前の育苗管理になにか欠陥があったことになる。

苗のよしあしは、田植え直後にきまる。苗代時代の分けつが死ななかったり、発生しつつある分けつ芽が休眠したりしないような苗がよい苗といえる。いくら外観がよくても、分けつが死ぬような苗ではいけない。

よい苗 七葉苗（不完全葉を含む）であれば、主稈（親茎）も入れて分けつ茎が三本くらいになっている。不完全葉のつぎの葉からでた①の分けつと、そのつぎの葉からでた②の分けつは、主稈の三分の二の長さに伸びている。

よい苗を田植えすると、水やドロをくぐり抜けて新しい分けつ（図の③④⑤⑥）がでてくる。発根力が旺盛な苗で、植えいたみが少なく、しかも苗代期間中の養分の蓄積量によって①〜⑥の分けつが生きる。活着がちょっとおくれると、⑤⑥の分けつが休眠することがある。理想的には①〜⑥の分けつを本田で生かすことである。これが、七五〇〜九〇〇キロを実現する苗の姿である。

ふつうの苗　ふつうの苗は、外観はよさそうに見えるが、③④⑤の分けつが死にやすい。苗代でよく分けつし、①と②の分けつは主稈の三分の二の長さに伸びている。理想的な苗にくらべ、外観はあまりかわらない。

ところが、発根力が弱く、養分の蓄積量が少ないので、図の③④⑤が死ぬのである。田植え直後の生育は、①②の分けつが生きるので、植えいたみしなかったように見える。しかし、活着がいくぶんおくれて葉の色がややさめる。新しい分けつがなかなかでない。外観だけでは気がつかないが、実はイネの体内で植えいたみがおこっているのである。

わるい苗　典型的なのは、厚まきの徒長苗。苗代期間中は①②の分けつはでないで主稈だけが伸びる。田植え後は、植えいたみのために③④が休眠する、葉の色がさめる。なかなか分けつがはじまらないのでチッソの追肥をやりたくなる。苗代でも本田でも分けつ茎が休眠する。こういう苗では六〇〇キロもあぶない。

(4)　有効茎の判断

出穂四〇日前ころに、分けつは予定の七〜八割あればよいわけだが、この当時の分けつ数はどのように判断したらよいのか、この点について具体的に説明してみよう。

一つのめやすは、分けつした茎のうち、葉が二枚以上でているものを数えて、この数が予定分けつ数の七～八割あれば、充分に予定の茎数確保ができる。

出穂四〇日前に二枚の葉をもっていて三枚目の葉がまだ伸びきっていないばあいは、下の葉の葉鞘のなかに必ず分けつ茎があって、三枚目の葉が伸びきったころにあらわれてくる。この分も予定することができるので、それらを含めて予定本数に達していれば不足することはありえない。その予測もせずに、茎数がたりないというので追肥したとすれば、分けつだけは多くなることは確実だが、穂数にはむすびつかない。つまり、つぎの葉がでるときには分けつがでることになるので、この追肥が分けつにはたらくのは出穂三〇日以後となり、このころに分けつをだしたところでなんの役にもたたないばかりか、かえってマイナスになる。予定より五割も少なかったばあいでも、分けつ促進のためのチッソ追肥は不要である。

軟弱な茎やむだな茎をたくさん立てるよりも、有効分けつの時期がすぎたら茎数をふやすことはあきらめ、むしろ一本一本の茎の生育を充実させ、穂を大きくして、登熟歩合をよくして粒ばりでかせいだほうが増収できる。

3、初期の水管理

(1) 生育調整のための水管理

肥料の使い方で、初期生育をおさえながら分けつを確保することはおわかりと思う。ところで、前半の生育をみすぼらしい小型のイネに育て、後半は充分な葉面積をもった秋まさりのイネにしたてるには、肥料のほかに水による調整が必要である。これができると本当のイネつくりになる。

肥料が充分にあって、しかも水も豊富に与えられたらイネはいくらでも伸びていく。これを水で適当に制限してやる。そうすれば、葉緑素も多い、デンプンの蓄積も多い、じっくりしたイネができあがる。デンプンが蓄積されてもからだは大きくならない、いってみればみすぼらしい小型のイネとはこういうイネをいうのであって、デンプンがなかったりチッソがなかったりしているわけではない。つまり、からだに応じた、充実した内容をもっていることである。

生育をおさえるということは、けっしてチッソやデンプンを欠乏させることではない。中身を豊かにしながら草できをおさえることである。

イネが伸びる条件には、光と温度、食物、つまりチッソやその他の養分のほかに水が直接関係してくる。そのうちで調節しやすいのは養分と水である。チッソがなければいくら水をやっても伸びないし、逆のばあいも同じである。チッソが効いている条件で、水が充分あればイネはどんどん伸びる。

チッソが効きすぎて徒長気味だから、水を落として干しつけて伸びを止めようとするのは、水の操作で生育調整をする一つの方法である。極端な例では、畑苗のばあいがそうで、相当にチッソ分があっても、水が制限因子になっているために、徒長することはほとんどない。

イネの伸長と水との関係を、さらに一歩つっこんで考えてみると、たいへんにむずかしくなってくる。たとえば、たっぷり湛水したばあいと、ヒタヒタ水にしたばあいではどうかなど、その生育に対する影響のしかたにはいろいろ問題がでてくる。水分の関係からいうと、深水でも浅水でもイネに対しては充分なはずである。それでは、深水にするとなぜ伸びるか。それには温度と光と生長ホルモンの関係が考えられる。

熱帯地方のイネの中には、洪水で水がふえ、イネが水にかくれるような状態になると、一晩に三〇センチも伸びるようなものがある。これは一種の生長ホルモンの作用によるわけで、このような生長ホルモンは光にあうとこわされ、暗くなると活動をはじめる。ふつう、曇天の日は伸び、充分に光があるときは生育がおさえられ、じっくりしたからだに育つのは、ホルモンのはたらきのためである。

イネは、あるていど積極的に伸長しなければならない。それでなければ水田である意味がない。それでは伸びたほうがよいかというと、それもこまる。あるていど伸長させながら、しかも、からだにデンプンが蓄積するような、栄養補給と水環境が必要であろう。

水をたくさん吸収すれば、それにしたがって養分もたくさん吸収するのか。これはイネによってちがう。茎にデンプン蓄積を多くしているイネは、水の吸収とあまり関係なく自分のペースで養分を吸収するが、デンプン蓄積の少ないイネは、水の吸収がさかんになれば、養分の吸収も促進される傾向がある。だから、同じように水があり、水の吸収がさかんであっても、デンプン蓄積の多いイネは、自分の体制をくずすような吸い方はしないが、蓄積の少ないイネのほうは、どんどん吸って、徒長したり過繁茂になったりする。

したがって、イネが肥料に敏感に反応するか、イネ独自の足どりですすむかは、デンプン蓄積の多いイネに育てるかどうかにかかっている。また、そういうイネに育てておけば、少しぐらいの環境の変化があっても受光体制をくずさずに生育することができる。

イネが伸びるということには、水、養分のほかに、光、温度などが関係するわけだが、温度の低いときは、保温のために深水にしても低温が伸びをおさえているのだから、深水にしたからといって伸びすぎることはない。しかし、保温の必要がなくなってからも深水にしておくことは、伸長を促進することになるから、温度と水管理は、その点を頭に入れて考える必要がある。

だから、光不足の曇天で、養分が充分あり、温度も高く、深水ということになったらイネはどんどん伸びてしまう。

(2) 伸長と分けつと水の関係

イネが伸びるということと、分けつするということを温度の関係でみると、逆の関係になる。冷害のような気象条件のときには、伸びはとまり、分けつが多くなる、といった現象があるが、逆にイネがどんどん伸びるようなときは、分けつはあまりしなくなってくる。

これをむずかしい言葉でいうと「アピカルドミナンシー」という現象で、片方が優先しているときには、他のほうは抑制物質をだしておさえてしまう。だから、ぐんぐん伸びているときに、上のほうの葉を切ってしまえば分けつがさかんになってくる。少なくとも、親茎がぐんぐん伸びる条件は一方で分けつをださない条件をもっているということである。早くでた分けつを育てて、あとの分けつをおさえるというカラクリについては、この関係からもおわかりと思う。

しかし、それでは無理をして分けつをおさえたばあいはそれでよいかというと、これもまずい。抑えられた分は、地上の伸びを助長し、伸びすぎることになる。この矛盾をどのように解決するかが水管理の問題である。つまり、伸びる原因を水によって抑えていく必要がでてくる。

湛水をやめて、茎に光をあてて生長ホルモンをおさえる。そのことがまた生長に必要な水を制限することになり、イネは徒長せず、からだがかたくなる。これが根本だ。しかしこれが行きすぎると、生長はおさえられるが、その結果が分けつにはねかえって、分けつがふえてくるから手ごころはむずかしい。

(3) 水管理のやり方

水管理は、出穂四〇日ころを境にして前期と後期に分けて考える。前期は湛水状態にし、後期は飽

第50図　水管理のやり方

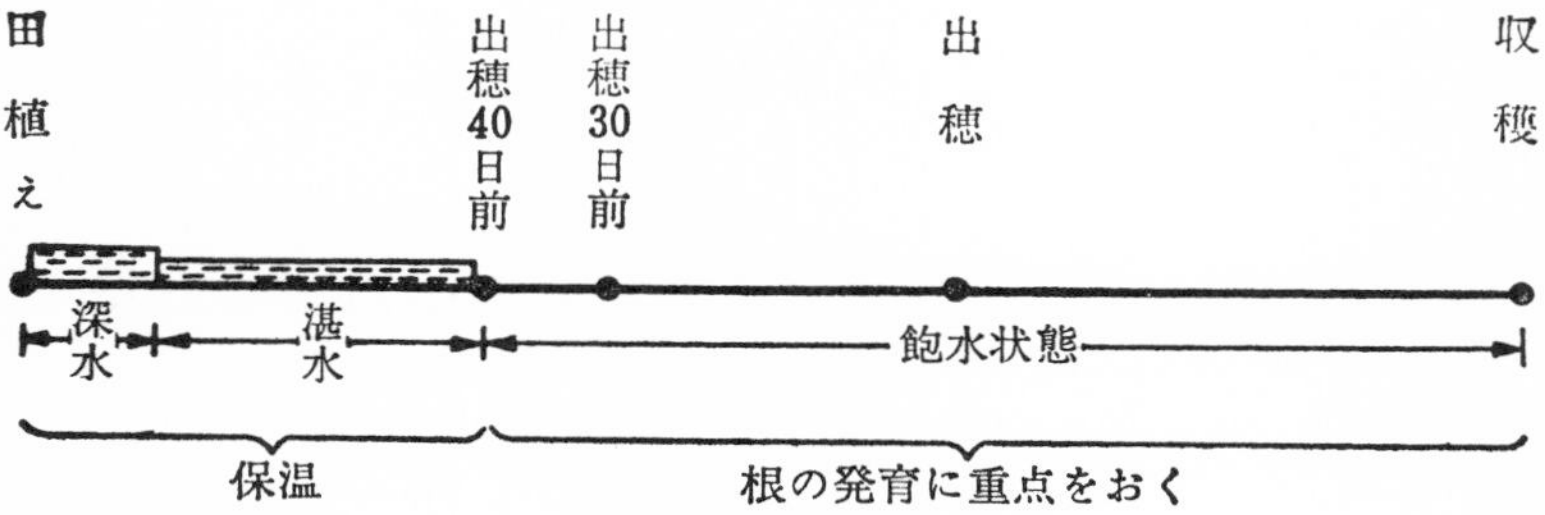

水状態で管理する。とくに後期の飽水状態の管理は、イネつくりのなかで大切な柱になっている。

初期の湛水期間中のねらいどころは、寒さのためにイネが萎縮しないようにすること。地温が低いために、根の張り方がにぶらないようにすることである。保温を考えた水管理をしないと、肥料分があっても、根の発育がわるいために吸収力がにぶる。保温を重点の湛水管理は、出穂四〇日前までつづけるが、気温が二〇度になり、予定していた茎数の七〜八割が確保できたらもう保温の必要はない。保温の必要がなくなれば、一日も早く湛水状態から飽水状態に切りかえる。

田植え直後は深水管理にし、活着してからは薄水管理になる。しばらくの間は、三センチくらいの薄水管理をつづける。水は早朝に入れ、なくなったらつぎの朝入れる。途中、除草するときは、水をおとして一日くらい干してから除草にかかり、除草がおわったら、暖かい日には一日干してから潅水する。

保温を重点にした水管理の期間は、日中でも水をおとさないで薄水にしたほうが地温はあがる。それは、完全に水を落としてしまうと、水の蒸発量が多く、そのために熱がうばわれるのである。したがって、根に酸素を供給したいときも、夜干しにしたほうがよい。

三、田植機イナ作の特徴

1、初期生育のちがい

まず、手植えイネとくらべるには、苗のちがいを知る必要がある。

仕上がったときの稚苗は、葉令では三・五葉期にあたり、手植えのばあいの六・五葉苗にくらべると三葉ほど少ない。草丈は一三〜一四センチ程度に育っているが、分けつはしていない。これに対して、手植えの苗は播種後三五〜四〇日苗のもので、草丈は二二センチほどに伸びていて、分けつも二〜三本は発生しているのがふつうである。

このように、植えつけ当時のちがいをくらべてみると、草丈の小さいのはもちろんだが、内容をみても、乾物重では、手植えの一〇分の一ほどだし、分けつはゼロといった大きなちがいがある。

生育がすすんでからのちがいは、分けつの仕方と茎の太さにあらわれる。

手植えのイネは、乾物重のあるよい苗が植えられ、その後の分けつが一号（下位）から順調に分けつしていけば、出穂四〇日前ころまでには予定の茎数は充分に確保できる。そのため、充実もよく、そろった茎がとれる。

それに対して、一般の稚苗イネをみると、苗が貧弱なために、一〜二号分けつはもちろんとれないし、三〜四号分けつを確保することさえむずかしい。結局五号分けつあたりからということになる。そうなると、出穂四〇日前までにぎりぎり確保しても一本の苗からとれる茎は、せいぜい三〜四本ということになり、もちろん第二次分けつをあてにすることはできない。このような生育経過をたどるために茎は細く、充実度も非常にわるい姿になる。

この時期の茎の充実は、穂の大きさや登熟期の稔実に関係が深いだけに、稚苗イネの大きな欠点ともいえるし、このことをよく理解しておく必要がある。

穂数を確保する点からだけ考えれば、一株の植えつけ本数を多くすればよいことになる。しかし、このような方法で確保した茎はさらに貧弱なものになり、草丈は伸びなくても、下位節間が伸びて倒伏しやすい姿に仕上がる。一般にはこうした例が多く、「稚苗イネは倒伏しやすい」といわれる原因もこのあたりにある。

稚苗イネの茎はどうしても細めに仕上がるのがふつうであるが、細いために倒れるというのはまちがいだし、細いのが宿命のように考えるのもまちがっている。多収への道は、手植えのような太い茎に、どのようにして近づけるかが大きなポイントになっている。

2、分けつの確保

一般の稚苗植えでは、一号から三号分けつはとれていないと思われるし、四号もとれず、五号分けつからとっている例がほとんどである。

かりに五号分けつからとりはじめたとすると、イネの育ち方はどのようになるのだろうか。八葉のときに五号分けつがでるので、その後、葉が一枚でるごとに分けつするのが原則なので、九葉のとき六号、一〇葉で七号、一一葉で八号がでる。かりに分けつ四本確保が目標だとすれば、一一葉期になり、幼穂の分化がはじまるころになってしまう。

ぎりぎり間にあったとしても、茎はごく細いものになり、穂は小さく、結局モミ数不足になってしまう。増収のためにどうしても必要なデンプン蓄積期間をとるどころか、過剰分けつ、過繁茂を経て、その後の節間徒長につながる。

さて、もう一つの問題は、一株植えつけ本数が多いことからくる過剰分けつである。ごくあたりまえのことのようだが、中身にもう一歩たち入って考える必要がある。

植えつけ本数が多いと、分けつはますますおくれるということである。一株一〇本も植えられると、株の中側にはいった五〜六本は、かりに三〜四号から分けつする能力があったとしても、下位節位の部分はぎゅっとつまった状態にあるために、分けつをだしたくてもでる余地がなく、そのまま休止してしまう。そのうち生育がすすむにつれて株もやや開張し、節位も上になるので、突然わっと分けつする。もちこされてきたチッソが一度に効きだして弱小過剰の分けつをつくりだすのである。

分けつがおくれるなら、分けつには期待せず植えつけ本数をふやせばよいという考え方もあるが、これは根本的にまちがっている。

イネの側に立って考えてみると、分けつをだすことが正常な生育なのに、それがだせない状態で生長することは、体内の代謝が混乱して、生長もちぐはぐになることは容易に想像できる。そのようにしないためには、一号分けつから着実にだしていくことが大切である。

Ⅷ　生育中期

一、生育中期の姿

1、群落の受光能率

(1)　光合成量をふやす方法

炭水化物の生産をふやすには、収入（光合成量）を大きくして、支出（呼吸量）を少なくすることである。そこで、収入のもとである群落の光合成を構成要素に分解して、その中から光合成量を増大するみちをみつけよう。

群落の光合成は第51図の式であらわすことができる。群落光合成量を増加するには、第51図の式①・②・③を大きくし、④を小さくすることである。光合成能力とは、一定の葉面積が一定時間内に光合成を行なう速さである。受光能率とは、群落状態におかれた一株のイネが、そのもっている最大光合成能力をどのていど発揮しているかを示す係数である。つまり株がこみあって光をさえぎり、互いの光合成能力の発揮をじゃましあっている状態を示している。

第51図　群落光合成のなりたち

群落光合成 ＝ ①葉面積 × ②光合成能力 × ③受光能率 － ④葉身以外の部分の呼吸

いま、イネ一株を植木鉢に植え、広い場所へ置いておく。これに光が充分あたれば、その株のもっている光合成能力は一〇〇パーセント発揮できる。つぎに、その鉢の周囲に同じような鉢植えのイネを接近して並べてやる。ちょうど、水田状態のイネのように群落状態となるのだが、こうなると、群落の上部に位置する葉は光をさえぎって、下葉にあたる日光をさえぎることになる。そのために、下葉は光不足の状態となり、株全体のもっている光合成能力を充分に発揮できなくなる。

つまり、受光能率は葉面積が増すにつれてどんどん低下する。極端なばあいは、株全体の光合成能力は、せいぜい二割ぐらいしか発揮できていないばあいがある。したがって、葉面積指数が大きいときでは、受光能率を向上させることが、群落の光合成量を増すもっとも手近な方法となってくる。

(2)　受光能率を高める要素

受光能率を高める方法をあげると、つぎの三点に要約できる。

①葉は水平に広がるよりも、直立状態に近いものがよい。

②丸型の葉よりも、細長い葉のほうがよい。

③それらは密集せずに立体的に適当な間隙をおいて空間に分布することが望ましい。

これらを実際のイネで検討してみると、②および③のちがいはあまりはっきりしないで、①の葉の着生角度が問題となることがわかった。

第52図は、直立型と水平型のイネについて、葉面積指数と受光能率との関係を調べたものである。水平型のものは直立型のものにくらべて、受光能率はいちじるしくわるいことがわかる。しかし、直立型のものでも葉が密になって葉面積指数が八以上になると、もはや葉の角度のよさだけでは受光能率を高めることができなくなって、水平型のものに急速に近づいていく。葉面積指数が五以下では、水平型も直立型もあまり差がなくなる。このことからもわかるように葉の着生角度が光合成を引き上げる効果をもつのは、葉面積指数が五から八までの範囲である。実際栽培では、もっとも繁茂した状態でも葉面積指数八以下（とくに寒地では）のばあいが多いので、多収穫を目ざしたイネつくりでは直立型の品種を選ぶことが大切である。しかし、葉面積指数が五以下で光が充分下葉まであたるような生育のときは、受光体制を強く問題にするのは無意味である。

第52図　直立型でも葉面積がふえると受光能率は低下する

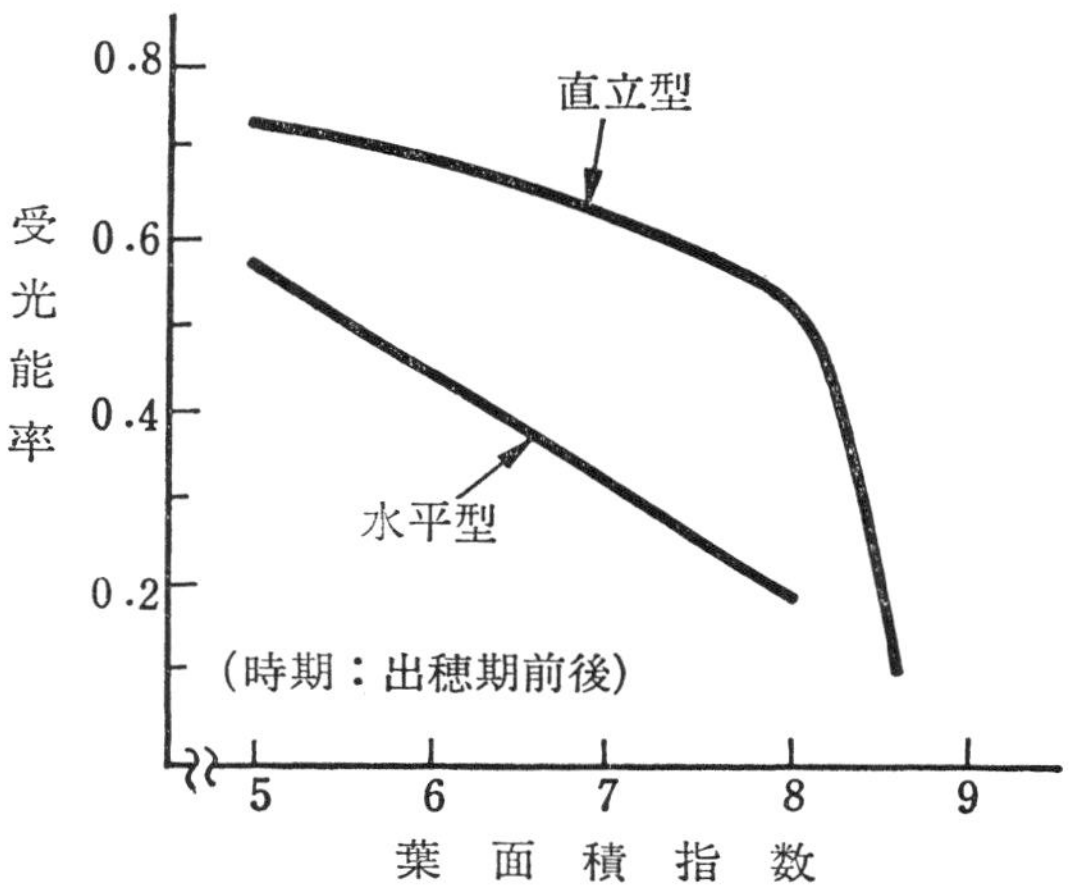

中 期 の イ ネ

出穂40日前（上）　出穂30日前（下）

第53図 生育

出穂40日前　出穂30日前

2、理想的なイネの姿

出穂三〇日前といえば、一般にいわれている幼穂形成期（出穂二五日）の五日ほど前にあたる時期で、最高分けつ期ころにあたる（暖地では最高分けつ期をすぎたころ）。

出穂三〇日前のイネの姿をととのえるのには、出穂四〇日前ころにもりもり分けつしているようなイネではまずい。出穂四〇日前をむかえたころには、分けつをすんなり止める。そして、その後出穂二〇日前までの二〇日間のイネの生育をつぎのような体制にもちこむことができれば理想である。①分けつしない、②徒長もしない、肥切れもおこさない、③一見、じっと動かないような生育でありながら、葉の枚数だけが順調にふえていく。

要するに、出穂三〇日前ころは、イネに養分をたくさんたくわえさせることで、しかも消耗量は極力少なくする。

〈遠くからみたとき〉 圃場全体を遠くからみると、けっして濃緑色ではなく、やや薄い色にみえる。葉は立っているので、遠くからみると葉先の色だけがみえて薄くみえるわけである。

〈近くでみると〉 遠くでみたときは薄くみえたものも、近づいて上からのぞいてみると、ずっと濃い色にみえる。これは、葉の色にくらべて葉鞘の色が濃く、近づくと葉鞘の部分がみえるからである。

株ごとの姿は、各茎がぞっくりまとまった感じでなく、扇形に開張して強じんな感じをした姿である。株が開張型になると、外側の茎はややななめにでることになるから、葉は一見たれているようにみえる。しかし、葉先のほうは、つねに上向きかげんになっていて、わるい姿のものが噴水のような形をしているのとはっきり区別することができる。軟弱徒長型の株の葉先は完全に下を向き、最近でたばかりの若い葉も、たれさがりはじめている。よい株の新葉は、真直に上を向いて全体が直立しているといった感じである。

第54図　葉のたれ方と色

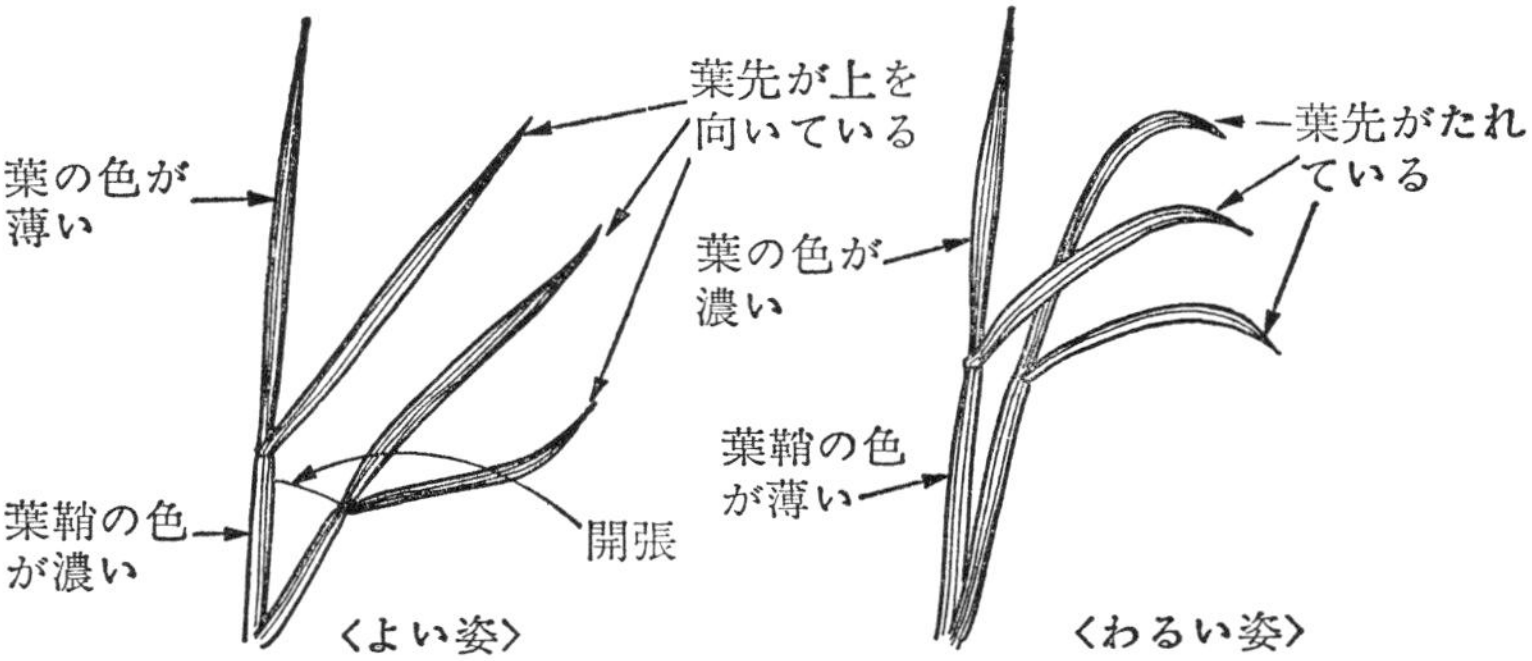

第3表　イネの姿の比較

	よ い 姿	わ る い 姿
株	扇形に開張している	ぞっくりとまとまっている
葉の姿	葉先が上を向いている	葉先がたれさがり下を向いている
葉と葉鞘の色	葉は薄く，葉鞘は濃い	葉は濃く，葉鞘は薄い
葉と葉鞘の長さ	葉は長く，葉鞘は短い	葉は短く，葉鞘は長い
葉先	鋭くとがっている	丸味をもっている
ヨード反応	強くでる	ほとんどでない

＜葉の色＞　株をみると葉の緑はやや黄色味がかって薄くみえるが、葉鞘の色は濃い緑色を帯びている。これは、デンプン蓄積の高いイネの特徴である。ふつうチッソ過多のイネは、葉の色はどす黒くみえても、葉鞘の色のほうは薄い。

葉の色は品種によってもちがうので、正確な判断をするには、葉の色と葉鞘の色との比較でみなければならない。葉も葉鞘も黄色くなっているようなものは、肥切れをおこしたイネである。

＜草丈、葉鞘の長さ＞　草丈は、がっちりした感じで短いものがよい。葉と葉鞘の長さの割合は、葉が多少長くなるのはかまわないが、葉鞘の伸びるのがいちばん恐ろしい。よいイネの姿は、葉の長さにくらべて葉鞘の割合が短いものほどよい。徒長ぎみのイネは、葉よりも葉鞘のほうが伸びている。

二、生育中期の追肥

1、この時期の追肥の意味

元肥のチッソは、出穂二〇日前までもたせるのを目標にしているが、天候がよく順調な生育をしたばあいや、技術水準が高く理想的な生育経過をたどったときなどは、どうしてもつなぎとしての追肥が必要になってくる。したがって、つなぎ肥は、やる年もあればやらない年もある。出穂四〇日前ころ、肥料切れのきざしがはっきりあらわれた年には、つなぎ肥によって出穂二〇日前までつないでいく。肥料切れによって葉の光合成能力をおとさないようにするのが、この時期の施肥のねらいである。

出穂四〇日前から出穂二〇日前までの二〇日間は、チッソの肥効を切ってはいけない。最低イネの光合成に必要なチッソ肥効を維持したい。チッソが不足すると、穂は小さく、登熟力の弱いイネになる。

もちろん、チッソの肥効を旺盛にする必要はない。この時期に葉先まで濃緑色にすると、穂長は長くなるが、モミのつきはまばらな穂ができるだけである。穂の素質を決定づけるのは、この時期の炭水化物の蓄積量である。

つなぎ肥は茎葉の色に変化のみえるような肥効ではまずい。この時期は、葉を大きくする必要はなく、光合成をさかんにして、炭水化物の生産を高め、穂の形成に充分に使われる状態にすることである。したがって、チッソ分が切れると穂は小さくなるし、登熟力の強い穂はできない。気持ちとしては、葉に効かせるのではなくて、体内で生長している幼穂に効かせるようなつもりでやることである。

2、施肥についての判断

つなぎ肥をやるときの判断は、収量が高くなるほど的確でなければいけない。ひとくちに肥料切れといっても、いままでのような観念で考えているとたいへんなまちがいをおかすことになる。生育初期のころとちがって、いったん肥切れをおこすと正常にもどすことは不可能だし、かといって過剰にするととり返しがつかなくなる。しかし、とらえ方さえしっかりしていれば、判断は実にかんたんである。

水田全体をよくみていると、肥料切れがはじまるときは、色ムラがでてくる。これが肥料切れの前

第55図　つなぎ肥は黄色味の下がりぐあいで判断

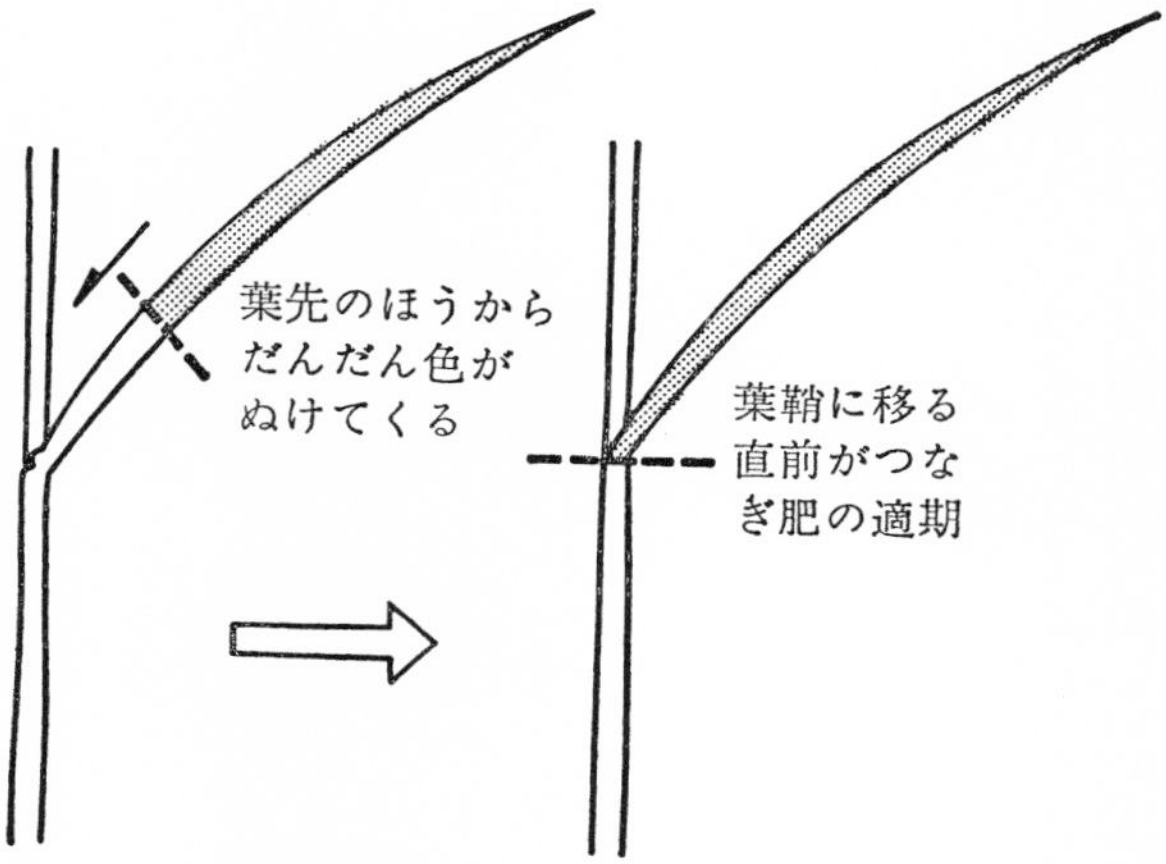
葉先のほうから
だんだん色が
ぬけてくる
葉鞘に移る
直前がつな
ぎ肥の適期

ぶれであるが、これだけで判断するのは危険である。とくに色抜けのはげしい部分の株を観察してみる。

一株を観察するポイントは、黄色味の下がりぐあいをみる。肥料切れがはじまると、まず葉の先のほうからだんだん色が抜けて下のほうに下がってくる。さらにすすむと葉鞘の部分に移り、やはり下のほうに下がっていく。このところが重要で、葉鞘まで全部黄色味がでるようでは完全に肥料切れ、それまでいかない、葉の三分の二くらいのころに施すのが適期である。

このような兆候があらわれないで、チッソがもちこしぎみのときには、もちろんやってはいけない。それに、後半伸長性の品種は、よく観察していて、ややおそめにやるような配慮が必要である。

もう一つ重要なのは、土壌の性質によっては、いったん肥料切れの状態をあらわすが、その後、根が地下深く伸びると肥効がでてくる。このようなばあいは、飽水状態の水管理に切りかえてからしばらくようすをみて、葉の色のさめ方が止まるようであればやってはいけない。

判断のむずかしいのは、出穂四〇日前以前に肥切れしそうになったときであろう。

一般に出穂四〇日前ころ、天候や田植えの関係で茎数がたりないということで中間追肥をやることが多い。しかし、出穂四〇日前ころにはすでに有効茎になるべきものはきまっていて、このころのチッソ追肥は無効分けつを多くするだけである。したがって、このころになったら、茎数についてはあきらめ、茎数をふやそうなどという追肥はやらない。

茎数が予定より少ないようなイネは、かえって一本一本の茎の環境はよくなり、その分だけ穂がよく育つことで補うことができる。こんなときは茎数に対する未練はすてて、穂重に力点をおいた方針に切りかえることである。とくに穂重型品種のばあいはそうしたほうがよい。方針をかえたら、環境条件をよくするように努力する。一本一本の茎の環境がよくなれば、少々色が濃くてもできすぎによるマイナスは少ない。

ただし、このように方針をかえたなら、その後の肥料切れは絶対におこさないようにする。少ない穂数で穂が小さくなってしまったら元も子もなくなってしまう。

つなぎ肥を必要としないイネはどんなイネか。判断の目安を示すとつぎのようである。

＜根ぐされをおこしたイネ＞　葉先がまるまって、葉のツヤがなく、なんとなく活力のないイネは、根ぐされをおこしていることが多い。根ぐされのイネにつなぎ肥をやっても効果がないので、根ぐされ対策をやったほうがよい。

〈田植え後の植えいたみのひどいイネ〉　植えいたみがひどく、立ちなおりがおくれたイネに対しては、つなぎ肥をやらないほうがよい。きまった元肥がはいっているのに吸収できないのだから、その分だけもちこしていると考えたほうが安全。

〈遅効性の肥料を入れたとき〉　遅効性の金肥や堆肥、鶏ふんなどの有機質肥料を多量に使った水田では、出穂四〇～三五日前ごろに肥切れをおこしかけたようにみえるものだが、ここではがまんしてようすをみたほうが安全。

〈葉先がたれたイネ〉　葉鞘から葉先に向かって、だんだん色が濃くなるようなイネでは、つなぎ肥はやらない。過繁茂のイネはもちろんつなぎ肥はやらないが、過繁茂でなくても、葉先がたれたイネではやらない。

3、施肥方法

つなぎ肥は、三要素のそろった化成肥料のようなものを使い、チッソ成分で五〇〇～六〇〇グラムを標準と考え、絶対に一キロ以上施してはならない。そして、施肥後五～七日くらいたって、なお色のさめがあらわれるようであれば、つぎのつなぎとしての追肥を施す。

このときの追肥で失敗するのは、施す量が多すぎることである。農家の心理として肥料を施して、三～四日たっても色がすこしでもでないと効いたような気がしない、たりなかったのではないかと考える。そこで、おいかけて追肥をしてしまう、これがいけない。この時期の追肥は、現状の生育を維持しているということは、充分に肥効をあらわしている証拠で、色がでるほど効いてくるのはやりすぎである。

具体的に数字をあげるとこんなことになる。かりにつなぎのチッソが八〇〇グラム必要だったとする。これに対して、一キロ施したら当然やりすぎになるが、これを二回に分けて、五〇〇グラムずつ施したとすると、合計が一キロになって総量は同じだが、過剰にはならない。したがって、一回の量は少なく、回数で調整していくように考えることが大切である。現在の肥料は粒状のものが大部分だから、どんなに少量でも散布はらくにできる。

追肥すると、二〜三日たって色が濃くならないと効いたような気はしない。チッソ成分で五〇〇〜六〇〇グラムくらいでは色がでるはずはない。色がでないからといっておいかけて施すようなことは絶対に避けなければいけない。やはり二回目の追肥も黄色味の下がりぐあいをみて施すようにする。

また、チッソ過剰を警戒するあまり、葉鞘の色がぬけるまで放っておくのも困る。いったん葉鞘まで色がぬけるような極端なチッソ切れをおこしたものは、その後、相当多く施してチッソが効いてきても色がつかず、茎や葉だけが伸びるようなかっこうになる。さらに過剰に吸収すると、葉の色も濃緑になり徒長してくる。こうなってしまうと、出穂二〇日前の穂肥はやれなくなり、その後の実肥の効果もおちる。

つなぎ肥の時期は、ふつうは出穂四〇日前から二〇日前までの二〇日間だから、五日おきに施したとしてもその間二〜三回でたりる。三回以上ということはめったにない。

二回目に施すときに問題なのは、肥料のまきむらがでたときである。あちこちに部分的に黄色くなったところがでてくると、人情として黄色くなった部分だけに補いのつもりで施してしまう。これはちょうど古着のほころびをつくろうようなもので、そんなことをすると、一日か二日のちがいでほかの部分がまた黄色くなってくる。そこでまたつくろうといったぐあいにくり返しているうちに、全体にはやりすぎになる。

こんなときは、一部分黄色くなったとしても、ほかの部分も一〜二日のおくれで色抜けしてくるのだから、施すときには全体を施すようにする。そのうえで、さらに部分的にひどい色抜けがあれば、補修の意味で部分に施せばよい。一応全体に平らにまき、そのあとで部分的に手直しをする。

施すときは湛水下でやるか、飽水状態でやるかとよくいわれるが、やはり湛水状態で施肥するのはまずい。ふつうは、肥料のまきむらをなくすために相当深く水を張って施す方法がとられているが、湛水したところに施すと、水にとけている間はその水は流すことができない。このころは温度が高く湛水をつづけると急速な還元が行なわれて、肥料を吸うべき根がまいってしまう。したがって施肥は、飽水状態のままで施し、そのまま放っておけばよいのである。

第56図　水管理と根の発育

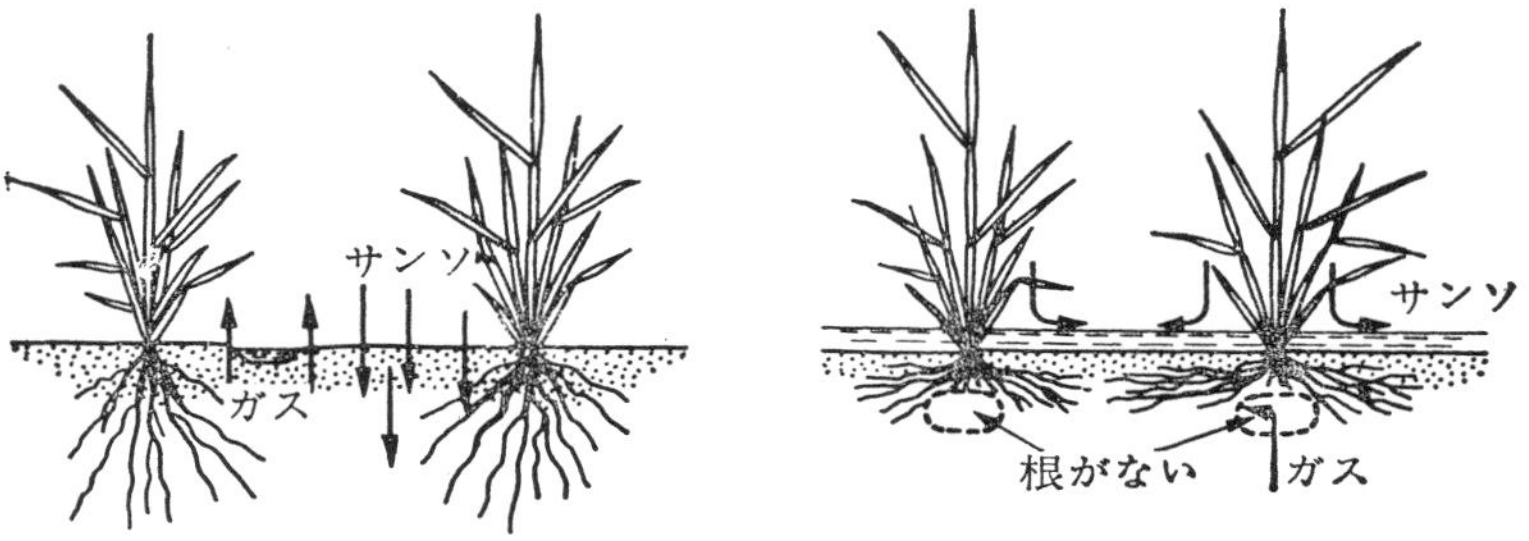
飽水状態にすると
根は深く張る
湛水をつづけると
ルートマットができる

三、生育中期の水管理

1、根のための水管理

水管理のなかでもっとも重要なポイントは、出穂四〇日前ころから水のフタをとり除いて飽水状態にすることである。つまり、水はイネに必要な分を残してやるだけで、土壌への酸素の補給や土壌中で発生した悪性ガスをおいだして、根の発育に重点をおく時期にはいる。そして、その後飽水状態は刈取りの時期までつづける。

いつまでも湛水状態をつづけていると、根に酸素の補給ができないので、ルートマットの現象をおこす。

湛水状態では、水でフタをされているので酸素不足になり、地表から三センチくらい下のところに、根が網の目のように層になってかたまっている。こんな水田に足をふみこむと根の網がバリバリと切れるのを感ずる。これがルートマットで、根が地下深く

第57図　飽水状態の水管理

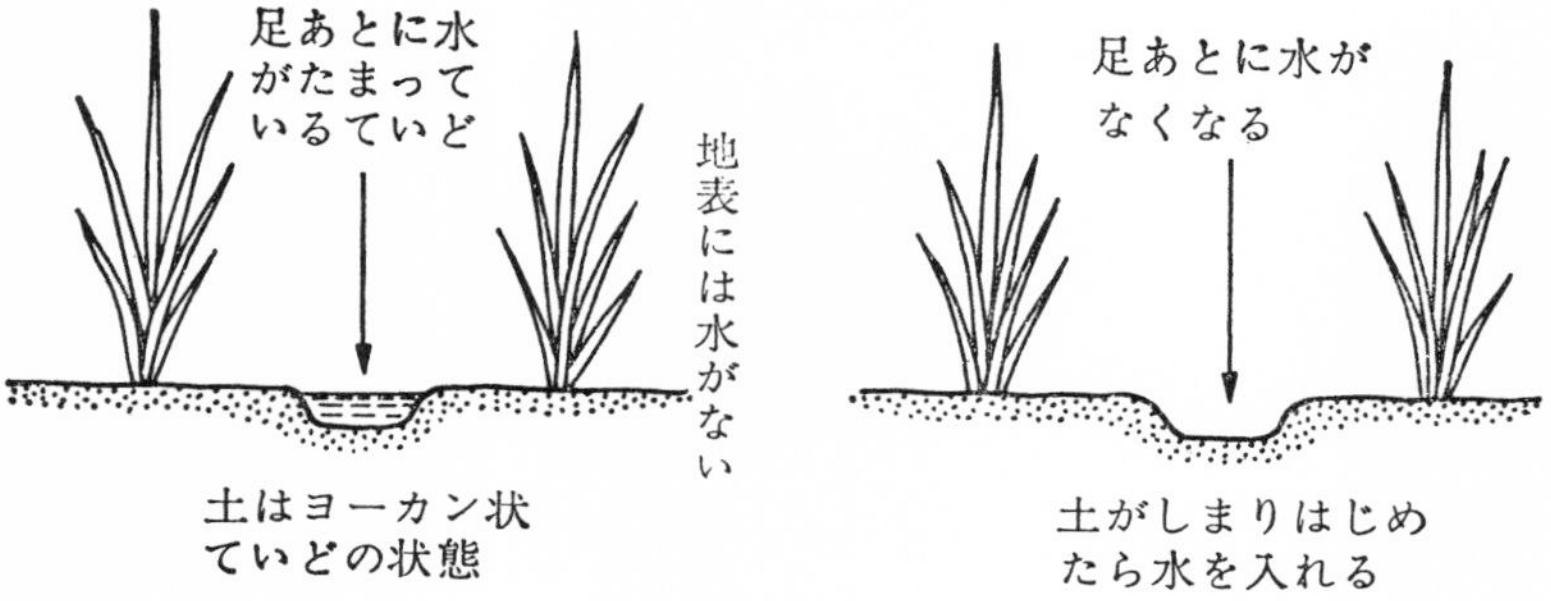
足あとに水がたまっているていど
地表には水がない
土はヨーカン状ていどの状態
足あとに水がなくなる
土がしまりはじめたら水を入れる

張れないために地表だけに張っている。

これに対して飽水状態で管理したものは、酸素が豊富で根ぐされもおきないので、根は下に向かってぐんぐん伸びて、地中深くにある養分を吸うようになる。出穂四〇日前ころから根を地下の方向に導いておかないと、株と株との間で、根の競合がはじまり、地表部分ではすでに肥料分がなくなり、急激な肥切れをおこす。根の競合によっておこった肥切れは、すこしぐらいの肥料をやっても正常にもどすことはできないし、かといって多量に施せばイネは若返ってしまい、その後にまた強い肥切れをおこす。

飽水状態とは、水は地表にはなく、土には充分に水が含まれていて、ヨウカン状になっている状態で、足あとにいくぶん水がたまっているていどのことである。

2、水管理のやり方

潅水の量は、さあっと水を入れ、地表面には水がなく、足あとに水がたまっているていどにして、足あとの水がなくなったらまた入れるといったぐあいである。このとき、絶対にかわかしすぎないようにすることで、はじめヨウカン状になっていたものから、土がしまりはじめてきたころに湛水する。

何日おきかは、水もちのぐあいでちがうが、砂地のところでは、一日一回くらいになることもあるし、粘土地では三日に一回、また雨がつづくときには、その期間中は雨水だけでもたせていくといった方法になる。湿田地帯でも同じで、地面がでるような水管理にする。

それでは、かわかしてしまったときはどうするか。そのときは急激に水を入れないで、すこしずつ何日かかけてならしていく。はじめは地表を水がとおるていどに流し、すこしずつ多くして三〜四日かけてもとの状態にかえしていく。

高温のときはかけ流し　真夏の高温障害を少なくするために、かけ流しをする。気温が三〇度以上になったときで、水温が二五度以下の水が豊富にあるばあいは、かけ流しをすると効果がある。かけ流しは日中だけで、夜は飽水状態の管理をする。

飽水状態はいつまでつづけるか　穂の枝梗に青味のあるうちは、デンプン蓄積が行なわれている証拠で、枝梗の生きているうちは飽水状態をつづける。落水期は刈取り直前ぎりぎりまでもっていく。この間、穂ばらみ期でも出穂期でも湛水状態にはしないし、また中干し、土用干しをせず、最後まで飽水状態をつづける。

3、中干しに注意

イネつくりの重要な技術として中干しという作業がある。これは生育調整とはまったく別の水管理だ。その目的の一つには、水をおとすことによってチッソを逃がして不必要な分けつを抑制しようというねらいがあり、もう一つは、土の中に充分に酸素を補給して根ぐされを防ぎ、根を健全にしようというわけであるが、これは実状にあわないことが多い。

さて、中干しでチッソを逃がすという考え方であるが、この考えは、土の有機物の分解によってでてくるアンモニアや、土の表面についているアンモニア態のチッソを、畑状態にすることによって硝酸態にかえたうえで、水を入れて流しだす、そういう理くつである。もしこの理くつを信じているとしたらたいへんおかしな話だ。

アンモニアが硝酸にかわるということは、そんな簡単なものではない。中干していどの日数で硝酸になったとしてもしれたものである。かりに、硝酸にかえようとすれば、水田を荒起こしして何日も天日にさらす、それくらいの畑状態にしないとできないわけで、そんなことをしたら、アンモニアが硝酸になる前にイネのほうがまいってしまう。だから、チッソを硝酸にして逃がすということはまちがいだし、そういう考え方で中干しを考えるとしたら、逆にわるい結果しかでてこないことになる。

中干しを完全にして小ひびができるようになると、たしかに土の中に酸素がはいる。すると、根がよろこぶばかりでなく、酸素を好む微生物もふえてくる。この微生物は、酸素呼吸によって生活する元気のよいものであるから、いきおいをえて、水田の中の有機物をさかんに分解してアンモニア態のチッソをつくる。しかし、そのアンモニア態のチッソが硝酸にならないうちに水がはいるので、水田の中は中干し前よりもかえって肥料分がふえる。硫安の追肥と同じでチッソを逃がすどころか、かえってふやしてしまう。

中干しには、もう一つの理由として土の中に酸素を補給し、根ぐされを積極的に防ぐという理由があるが、これもばあいによって変な話になる。

いま話したように、中干しすることによって酸素を好む微生物が増殖する。そこに水がはいったらどんな状態になるか想像がつくと思う。

水がはいると、ふたたび酸素不足になる。しかも、そのなり方が早い。中干し前とちがって、酸素の消費が酸素呼吸の微生物によって一時的にひどくなり、すぐ中干し前にもどってしまう。根はよろこんだのもつかの間、急激な還元の進行でかえってまいってしまうことが多い。これもまた危険な話である。

五日から一週間、小ひびのはいるていどに干すということは、いままで水田状態だったものが、急に畑状態になることである。短期間ではあるが、このようなところで育てられたイネの根は、あるていど畑で育ったときのような性格をもってくる。そんなところに、また水がはいってくるのだから、根は生理的に変調をおこし、硫化水素などの毒物に対する抵抗力がなくなり、根ぐされをおこしやすくもなる。

また、中干しをやったあと水を入れたとき、白い根が地上にふきだすようにでるという現象は、中干しのために根の発育がよくなったためではなく、別の原因によることがある。なぜ地表部分に新根が急にでてくるかを考えてみよう。

一つには、畑状態になるために、いままで、水分が豊富な状態でいたときにくらべて水分不足によって全体の生育が抑えられることになる。こうなると、同化作用によって合成された炭水化物は、株ぎわの茎（節間）に蓄積され栄養分が豊富になるために、水さえあればいつでも根は伸びだす状態になる。そういう状態になったところに、水がはいるといっせいに地ぎわの部分から新根が発生する。もう一つの理由は、中干しによって古い根がくさるために、イネはそれを補おうとして新しい根をたくさんだすとも考えられる。いずれにしても正常な発根でないことにはまちがいない。

こうしてみると、中干しは根を健全にすることにも役立たないし、チッソを流すことにも役立たない。いや、むしろ害のほうが多いくらいだから、そんな中干しはやらないほうがよいことになる。

もっとも、牧草の裏作あとなどで、田植え後、一時的に有害ガスの発生がひどく、苗がすぽすぽ田から抜きとれるような特別なばあいには、有害物を酸化して無害にするために、中干しはたいへん役にたつ。しかし、このばあいも、根に酸素をやるというより、有害物を除くことのほうが効果が大きい。秋落ち田でわるい硫化水素を中干しによってとりのぞくのも同じことである。極端な例をもとにして、それをふつうの水田にあてはめようとすると、とんでもないことになる。それでは根ぐされをおこさないようにするにはどうしたらよいか。

それには、イネに対して余計なおせっかいをしないで、イネが本来もっている酸化力を強めて、酸素不足の土の中でも活力を保ちながら生き抜いていくようにすることであろう。

根の酸化力を強くするには、地上部とくに下葉の活力を高めて、そこでつくった炭水化物をどんどん根に送りこむことである。そのためには、チッソ過多、過繁茂で、下葉に日光のあたらないようなつくり方をしていてはだめである。また、肥もちのわるい水田で、元肥をたくさんやり、はじめのうちいきおいよく茂り、その後、養分の補給がきれて栄養失調になると、根の酸化力は弱ってしまう。急激な栄養失調ははなはだ危険である。

根に充分に炭水化物が送られるようになれば、根はそれをエネルギー源として、イネのからだのなかをとおっておくられてきた酸素をつかって、根のまわりを自分の力で酸化していく。そうなれば、硫化水素が少々あっても、土の中が極度に酸素不足になっていても、毒物を無毒にしながらりっぱに根の機能を発揮することができる。このように、イネの本性をのばしてやりながら悪条件をきり抜けることのほうが、中干しをしてイネの生育のリズムを乱すことよりも、数等イネのためになることはわかってもらえたと思う。

したがって、このころの水管理は、チッソを逃がすことや、畑状態にして酸素をおくりこもうとするよりも、土の中の毒物をとり除くという意味で、水の交換をするていどに心がけるべきであろう。そういう目的での水管理が大切である。

つまり、水が地下に抜けたら、新鮮な水を入れてやるといった方法や、排水のわるいところでは流水によって、古い水と交換するなどの方法のほうがよほどイネのためになる。

IX　生育後期

一、登熟期の姿

1、受光体制を高める条件

(1)　モミ数と受光体制

葉の炭水化物合成が高まる条件とは、水分を確保すること、葉緑体タンパクが充分あること、炭酸ガスが充分にあること、そして光が充分あたることである。

ここで、粒数が少ないイネの、光のあたり方について考えてみたい。

粒数の少ないイネは、止葉も短いことはすでに話した。止葉が短ければ、止葉をつくるときにはたらいたその下の葉も相対的に短くなる。この関係を第58図でみていただきたい。葉が短いといやでも葉が立ってくる。長い葉は自分の重味でどうしても垂れやすくなる。もちろん、イネの葉はたがいちがいにでているので、上の葉が少々大きくても、下の葉が暗くなることはない。

しかし、私たちは、一本の茎を水田に植えているのではないし、また、一株のイネを育てているの

第58図　粒数の多いイネと少ないイネの姿

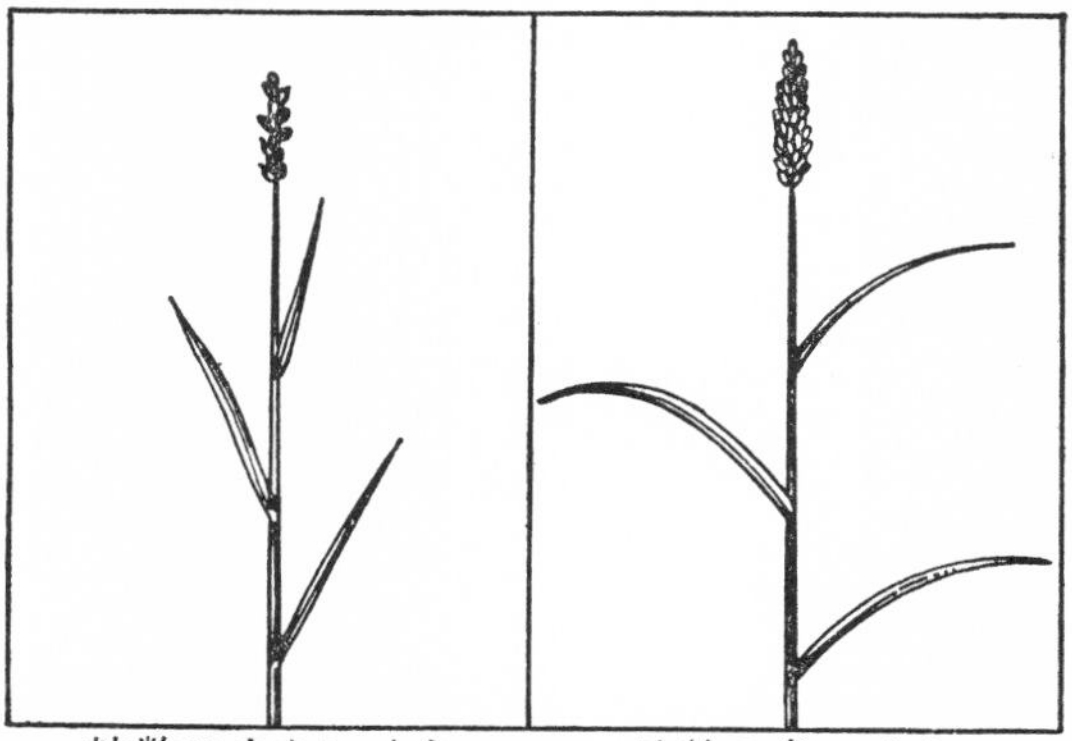

粒数の少ないイネ　　粒数の多いイネ

でもない。イネは、たくさんの仲間といっしょに育っている。そのとき、上の葉が大きくて、しかも、垂れて横にひろがっていれば、近所迷惑この上もない。

葉の炭水化物合成能力を高めることが、穂にデンプンをためる第一条件であることは、すでに話したとおりである。ところで、葉にたくさん炭水化物をつくらせるのに、もう一つ大切な条件がある。それは、光をうける葉の大きさ、つまり面積である。

汽車の例でいえば、葉の炭水化物合成能力は客車の収容能力にあたる。客車一輛に一五〇人の収容能力があるとすると、一列車の収容量は客車の数に比例して多くなる。三輛連結の汽車は、四五〇人になり、六輛連結すれば九〇〇人になる。

この客車の数が葉の面積と考えていただけばよい。だから、葉面積が大きければ、大きいほど穂に送りこむデンプンの製造量がふえてくる。

しかし、その葉の面積を大きくする仕方によって、こんどは、光合成の大もとである光の利用ぐあいがまったくちがってくる。

第59図をみていただきたい。いま三〇センチの長さの葉を三枚横にかさねたばあいと、縦に並べたときを考えてみよう。一枚の葉の面積を六〇平方センチとすると、どのばあいも、葉面積は三枚で一八〇平方センチになり同じ葉面積である。しかし、光があたるぐあいはまったくちがう。三枚の葉を横に重ねたばあいは、上の一枚の葉だけに光があたり、あとの二枚は光があたらない。せっかく一八〇平方センチの葉面積があっても役にたつ葉面積は一枚分の六〇平方センチにすぎない。しかも、あとの二枚は呼吸で消耗するだけだから、三枚の一八〇平方センチの葉でつくった炭水化物量の総量は一枚分の光合成量よりもまだ少なくなる。

つぎに、三枚の葉を全部縦に並べたばあいを考えてみたい。図でわかるように、上からきた光は、三枚の葉みんなにあたって日陰になる部分がない。葉面積一八〇平方センチがあますことなく、光をキャッチする。その上、横に並べたときのように、呼吸だけして炭水化物を消耗する部分がないから、葉面積一八〇平方センチでつくった炭水化物はむだなく利用できる。これが、葉が立ってほしいいちばん大きな理由である。

いまの例は、葉面積を同じにして葉を横にしたときと、葉を立てたときの比較であるが、光のあたる面積（イネ一株のひろがりと考えてよい）

第59図　葉を立てると光の利用率はよい

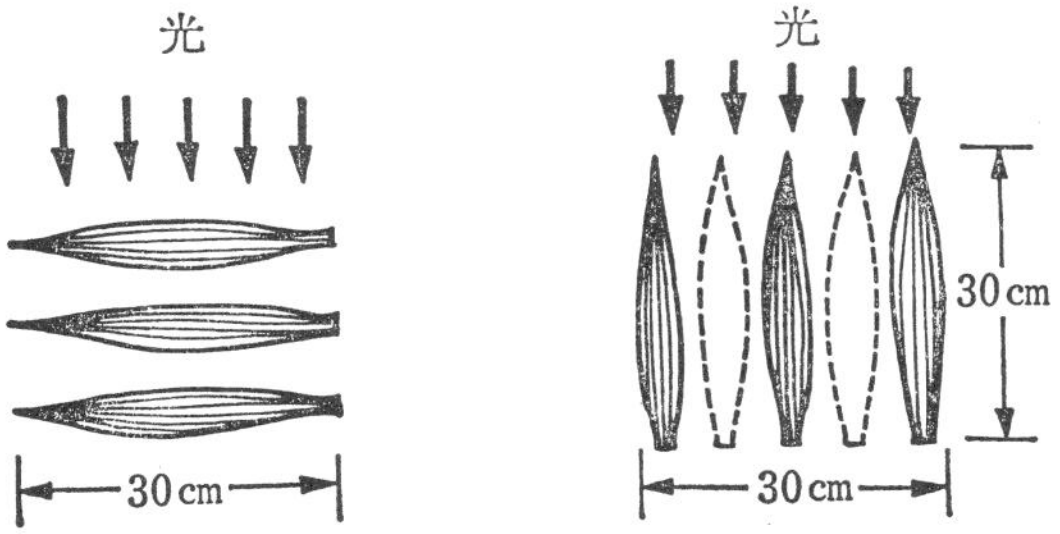

が同じであるときを考えてみると、葉を立てたほうがますます有利になる。いまの図で光のあたる広さは、葉を横においた三〇センチの間にある。横においたばあい、これに葉を何枚かさねてもロスが多くなるばかりである。

ところが、図の点線で書いた葉のように、縦に並んだばあいは、同じ三〇センチの光のひろがりの中にまだ葉を入れることができる。図では二枚入れたが、それでもまだ充分光があたる。結局、葉を二枚ふやして葉面積を三〇〇平方センチにしても、それだけ光の利用が高まるので、立った葉は本当にありがたい。

では、同じ葉が立つなら、一枚の葉が大きければ、ますます光があたる葉面積がふえて、光の利用が高まると疑問に思うであろう。葉を小さくする理由がなくなる。もちろん葉が大きくなることは望ましいが、大きくすれば、葉が立ちづらくなることと、穂のモミ数がふえて、葉とモミの親子関係がまずくなる。そのために小さな葉をたくさんつけて立つようにするのが、現在では、いちばん有利ということになる。

小柄で、小さな葉を立てているイネが有利であることは理解できたと思う。

もう一つ大切なことは、葉面積を広くするときに一枚の葉を大きくするよりも、葉の数でこなしたほうが有利である。それは止葉やその下の葉がモミにつながる道は、それぞれ少しずつちがっていることを考えてみるとわかる。

ご承知のようにイネの穂をよくみると、分けつと同じに一次枝梗、二次枝梗と枝分かれして、その上にモミがついている。この枝が葉と連絡していて、炭水化物を送る道になっている。この枝と葉の連絡は、たくさんの維管束（パイプのようなもの）で連絡していて、一応はどの葉からでもデンプンをもらえる仕組みになっている。しかし、そのパイプは細いのから太いのまで種々雑多であるが、もっともよく連絡しているものは太いほうのパイプである。この太いパイプは、枝梗によって、つながる葉がちがっている。だから、止葉一枚だけで、穂を養うことはこのパイプの関係からいってもむりになる。どうしても止葉から三、四枚の葉までは、思う存分はたらいてもらわなければならない。葉の数で、穂にデンプンをたくわえてゆく利点はここにもある。

たびたび申し上げたように、出穂期にもっともよく光を利用することが増収の秘訣である。それには、イネの葉が、ほかのイナ株の葉と入りまじって立体的に水田一面にひろがり、たがいちがいにぐあいよく配列され、上の葉がとりにがした光をつぎつぎと下の葉がとりこむ、そんな姿でありたい。

(2) 葉の素質

登熟期にはいってからの生葉数は多いほうがよいにきまっているが、どうしたら多くなるのだろうか。

登熟期の生葉が三枚のイネと四枚のイネがあったとしたらどちらのほうがよいのか、常識としては四枚のほうがよい。しかし、三枚のイネのほうが多収することもある。こうしたことをみていると、葉は黄色くなってもかまわないが枯れないのが多収のイネの状態である。それがなぜ枯れるのか。

登熟期になると茎葉は全面におおわれ、ムレなどの悪条件が重なって枯れることもあるが、もっと重要なことは、四～五枚目の下位葉が発生したときのイネの状態を考えてみることだ。その葉がいつ発生したかをさかのぼると、その時期は出穂四〇日前ころになる。このころにチッソが過剰で過繁茂の生育をしていたり根に障害があったりすると、充実した葉ができず、軟弱な素質にできてしまう。なかでも根の障害が決定的に影響する。

葉が枯れ上がるのは根が不健全だったことを示している。ひどいときは、夏のうちに下葉が枯れているのをみかけるが、これではとても登熟のよいイネは望めない。

最終的に登熟に貢献するのは上位一～二葉で、その葉の素質が問題になる。葉の素質は、その葉が大きいとか小さいとかの問題ではなく葉の能力である。たとえば、比較的大きな葉をもった品種ではあるていどの大きさが必要だろうが、もし、小さい葉の品種が同じように一〇〇粒ついたとしても、かならずしも大きい葉のほうが増収するとは限らない。つまり、葉の能力を考えなかったら、葉の小さい、わい性品種ではどうして実らせるのだろうか。

むしろ、群落としてみると、光の有効な利用の面から、大きいものでは光をさえぎるためにかえって効率はよくない。葉は小さくとも能力の高いものがよいことになる。能力の高い葉は枯れ上がりがおそく、長もちする。しかも、直立しているので光合成の能率が高い。秋になって色がさめたとき、

第60図　登熟期の理想の姿

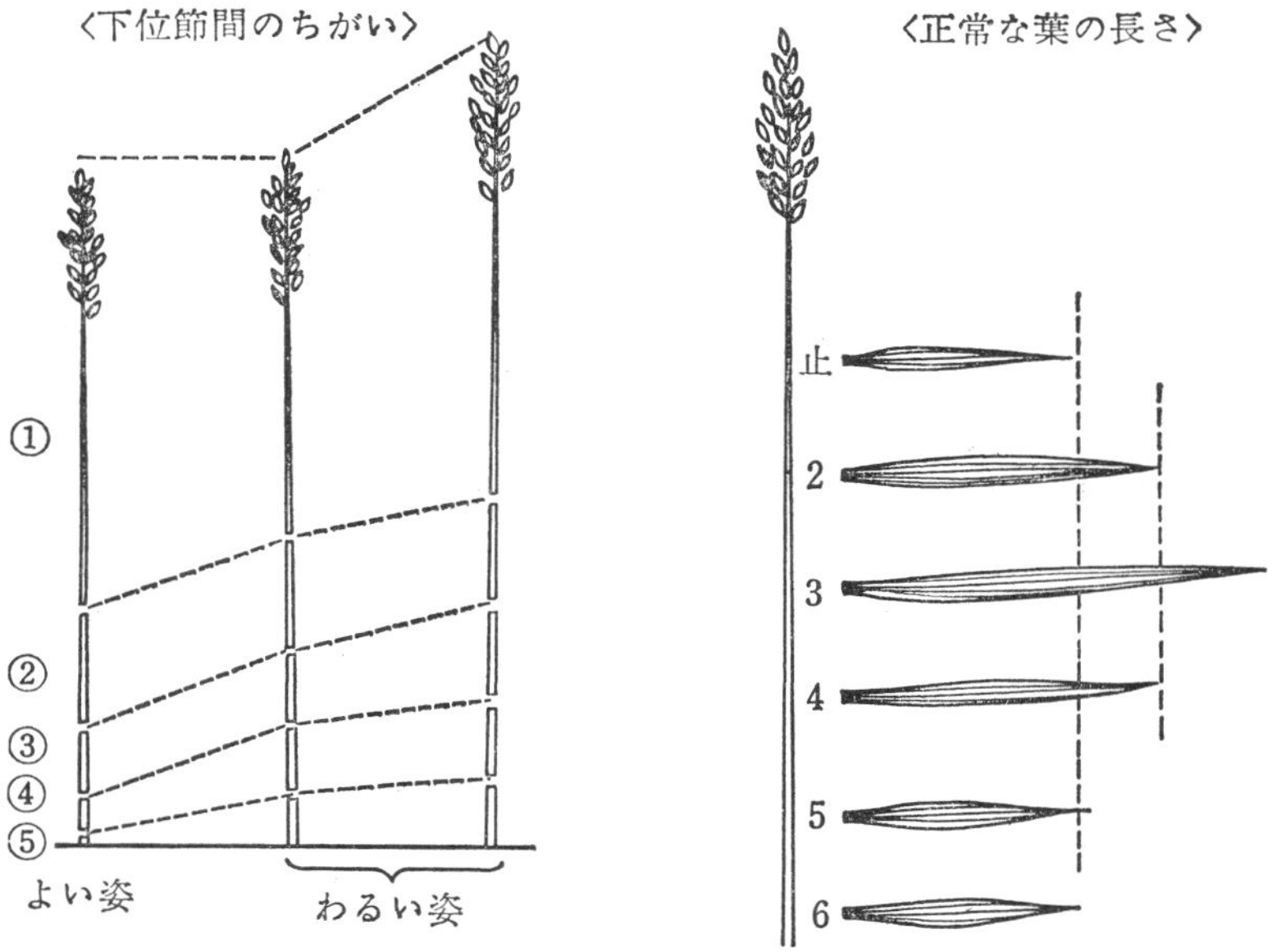

葉の色が黄金色にかわるようなら能力の高い葉だといえる。能力の低い葉は青味がなくなってくると白いかさかさした枯れ方をする。

登熟期ころの葉の長さをみても、三葉目までは順調に一定の長さに伸びてくるが、それ以上の葉は小さくなっていくような伸び方、つまり葉よりも穂の伸長に力がはいったような生育のしかたがよい。それがチッソの多い状態で育ってきたイネは上位の葉が伸びてしまう。

2、理想的なイネの姿

理想的な登熟期のイネの姿はどんなものがよいだろうか。

葉の状態　葉の長さは、上から三枚目がいちばん長いものがよい。二枚目の葉は四枚目の葉と同じくらいの大きさで、止葉はぐっと小さくなってもかまわない。五枚目以下は、下にいくにつれて小さくなっているような姿が理想である。二枚目、止葉が三枚目にくらべて小さくなるということは、穂の分化が正常で、旺盛に育っている証拠である。それが正常でないと、養分が葉のほうにまわって二枚目や止葉が大きくなるのだと思う。

出穂期ごろは五枚の葉が青々としていて、刈取り直前でも最低三枚は生き残っている必要がある。いきいきとした葉がいつまでも残っているということは、根の活力が旺盛な証拠で、それが活力のあるイネの土台になっている。それは、出穂三〇日前を中心にしたイネを理想の姿にし、その後、飽水状態で根を管理することによって、健全な葉が維持できるのである。

節間の状態 下位節間の四、五節間が伸びすぎるようなイネはよくない。とくに出穂後の第五節間は、多収のイネのばあいはほとんど伸びないために、株のなかにあってみえないような状態である。しかし、ふつうは五〜一〇センチにも伸びて、草丈も長くなり、倒伏の原因にもなっている。

多収のイネは、第一節間が長いが、これも、第一節間が伸びたほうがよいのではなく、それより下の節間が短いほうがよいということである。つまり、草丈は短くとも、下位節間全体の長さにくらべて、第一節間の長いものがよい。

穂の状態 穂の大きさ、つまりモミ数のきまる時期は、穂の分化期からその後一〇日くらいでモミ数がふえるといわれている。ところが、この時期に茎のなかの幼穂を調べてみると、どの穂も一五〇とか二〇〇粒というふうにたくさんのモミがついている。ところが、穂がでてから数えてみると、せいぜい七〇〜八〇粒で、多くても一二〇粒くらいになっている。これは、穂の元ができてから穂がでるまでの間に、茎のなかで消えてなくなってしまったからである。これが退化現象である。

モミの一つ一つが退化したもの、枝梗がごっそり退化してしまったものなど、少ないものでも三割、多いものになると五〜六割も退化する。穂首のところにつく枝梗は、一本に少なくとも二〇粒はつく。これが二本も退化したとしたら四〇粒、これだけでも四〜五割が退化したことになる。穂をよく調べてみるとその跡がわかる(二一九ページ第13図参照)。

稔実に関係することで大切なことの一つに枝梗の老化がある。枝梗は、出穂後、葉でつくられたデンプンを穂に送りこむパイプのようなものだから、早くから老化するようでは、完全に充実させることはできない。出穂三〇日前の枝梗の分化するころに、チッソの肥効が高いと、枝梗の細胞が軟弱に育つ。それが、やがて登熟期にはいって、ときに枝梗が早く枯れる原因になる。かりに葉がしっかりしていてデンプンを製造しても、それを送るパイプが枯れてしまってはなんにもならない。したがって、枝梗は最後まで青味をもち、若々しい状態でいないといけないのである。

3、田植機イナ作の特徴

穂長は、手植えよりも稚苗植えのほうが短い。穂が長ければいいというものではないが、問題なのは、稚苗イネでは第二次枝梗がほとんどつかないことと、第一次枝梗につくモミ数の少ないことである。

このように穂の長さや第一次枝梗のモミ数に差がでたのは、結局、根や茎の充実のちがいによるものであり、まだまだ手植えのようにむりがきかないように思う。

ところが、一穂の着粒数が少ないために、稔実は手植えにくらべてよいのが特徴である。穂ぞろいは、手植えイネにくらべてわるいのがふつうだが、これも、一株本数の入れすぎから無効分けつの多いイネになり、後期栄養が秋落ち型になるためであろう。

登熟期での生葉数（枯れ上がらずに残っている緑色の葉）をくらべてみると、稚苗イネのほうが一枚くらい多く、三〜四枚残っているばあいが多い。一般的に、手植えイネより稚苗イネのほうが、葉は生きやすいといえる。しかし、よく観察してみると、葉の色はうすく、葉幅はせまく、肉の厚さもうすく、同じ枚数でみれば葉面積が小さい。これは、葉の同化能力が低いとも思われる。

よくみかけられるのは、手植えのばあいだと、上位一〜三葉にくらべて四〜五葉は小さいのがふつうだが、稚苗イネでは四〜五葉目が極端に小さいといったイネが多い。これは、一般に稚苗イネでは初期の生育がわるいものが多く、分けつを確保するときから、弱小の素質で経過し、後期になってようやく回復したときのイネの典型的な姿である。

稚苗イネのばあい、葉の活力が弱いためか出穂で産みづかれすると、どうしても葉色が早く上がり、枯れ上がりも多くなる。出穂のときには生葉が六枚あったものが、登熟期間六〇日のうちに枯れ上がって、残る生葉は一〜二枚といった例がみられるのもそのためであろう。

止葉までの全出葉枚数は、手植えより一枚少ないというのが一般的である。これは寒地のばあいにいえることのようである。寒地では全部出葉するとすれば、一葉分約一週間おくれることになるが、幼穂形成のほうはあるていど時期がくれば分化するので、イネ自身が一枚へらすことによって熟期を調節しているのだろうと考える。したがって、暖地ではそのようなこともなく、手植えイネと同じ出葉枚数に仕上がるのがふつうである。

茎のちがいをみると、ちょっとみただけでは差がない。しかし、よくみると太さとかたさでは手植えに一歩劣っている。また、節間の伸びでは、下位節間は手植えにくらべて伸びやすい弱点をもっているが、上手につくれば、ほとんど差がなく仕上げることができる。

二、生育後期の穂肥

1、出穂前の穂肥

出穂二〇日前をすぎると、追肥によって失敗することも少なく、安心して施すことができる。そして、出穂二〇日前から出穂期までは、体内で分化生長した穂が退化するのを防ぎ、イネの活力を高めて登熟をよくするのをねらいとして穂肥を施す。

出穂二〇日前の穂肥　第一回の穂肥は、出穂二〇日前に施す。この穂肥は穂の退化のもっともはげしいといわれる減数分裂期（出穂一二日前）に効果がでるように、チッソを主体とし、そのほかカリやリンサンも施す。

カリを施すとイネのツヤがよくなり、チッソを多くすると呼吸作用がさかんになるので、そのバランスをとるために、第一回の穂肥に限り三要素のそろった肥料を施している。

施肥量は、チッソ成分で一・五〜二キロくらいで、カリとリンサンは成分量でチッソと等量施す。正常な生育のイネは、出穂四〜五日前の穂ばらみ期になると、いったん色が薄くなる。もし、このとき色がおちないとすると、チッソ分が多かった証拠である。

出穂二〇日前の穂肥で注意しなければならないのは、チッソがやや多くもちこしぎみのものや、下位節間が伸びやすく、下位節間を伸ばしてはまずい品種は五日くらいおそくして出穂一五日前ころに施す。

出穂二〇日前は上から二枚目の葉が五〜六割でたところで、出穂一五日前は二枚目が展開したときである。

出穂直前の穂肥　穂ばらみ期に色が薄くなるような生育をしたものには、第二回の穂肥として、出穂直前に施す。穂ばらみ期にもし色が薄くならないで、そのままの状態だったら、出穂直前の穂肥は

第61図　出穂20日前・15日前の判定

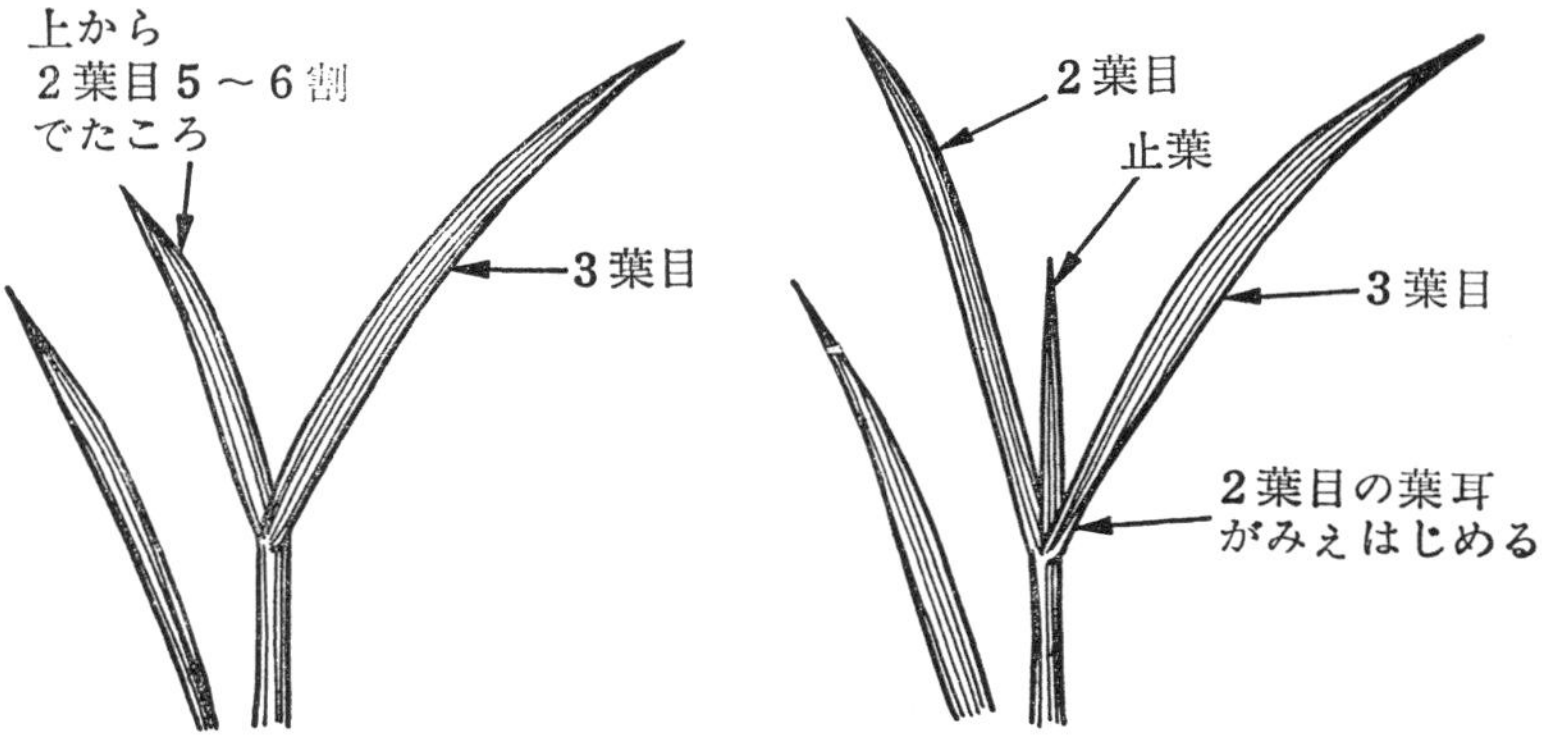

やらない。

このときの施肥量は、チッソ肥料だけにし、成分量で一〜一・五キロを施す。

穂肥の調節　出穂三〇日前ごろ、茎数が予定よりも多くなったばあいは、茎数が多いだけでなく、モミ数も多くなり、登熟のわるいイネになる。こんなときには、出穂二〇日前にやる第一回目の穂肥の時期を数日おくらせる。つまり出穂二〇日前の穂肥は退化を防ぐためのものであるから、施肥時期をおくらせると、モミの退化がおこってモミ数過剰による登熟不良をさけることができる。それを、予定どおり施すと、モミの退化を防ぐことになり、二次枝梗までぎっしり着粒するために、かえって登熟がわるくなる。

2、出穂後の穂肥

出穂後の穂肥のねらいは、葉の炭素同化作用を活発にするためのものである。つまり、葉や茎の葉緑素を増強し、イネ

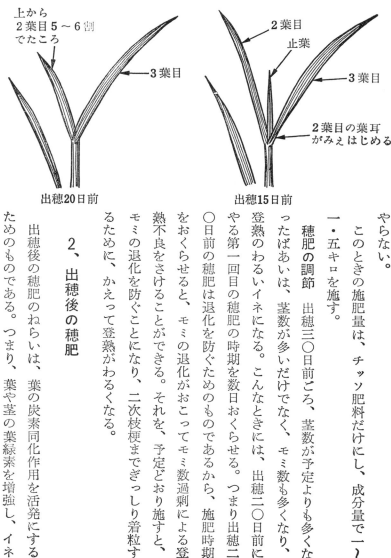

第62図　出穂後の穂肥のやり方

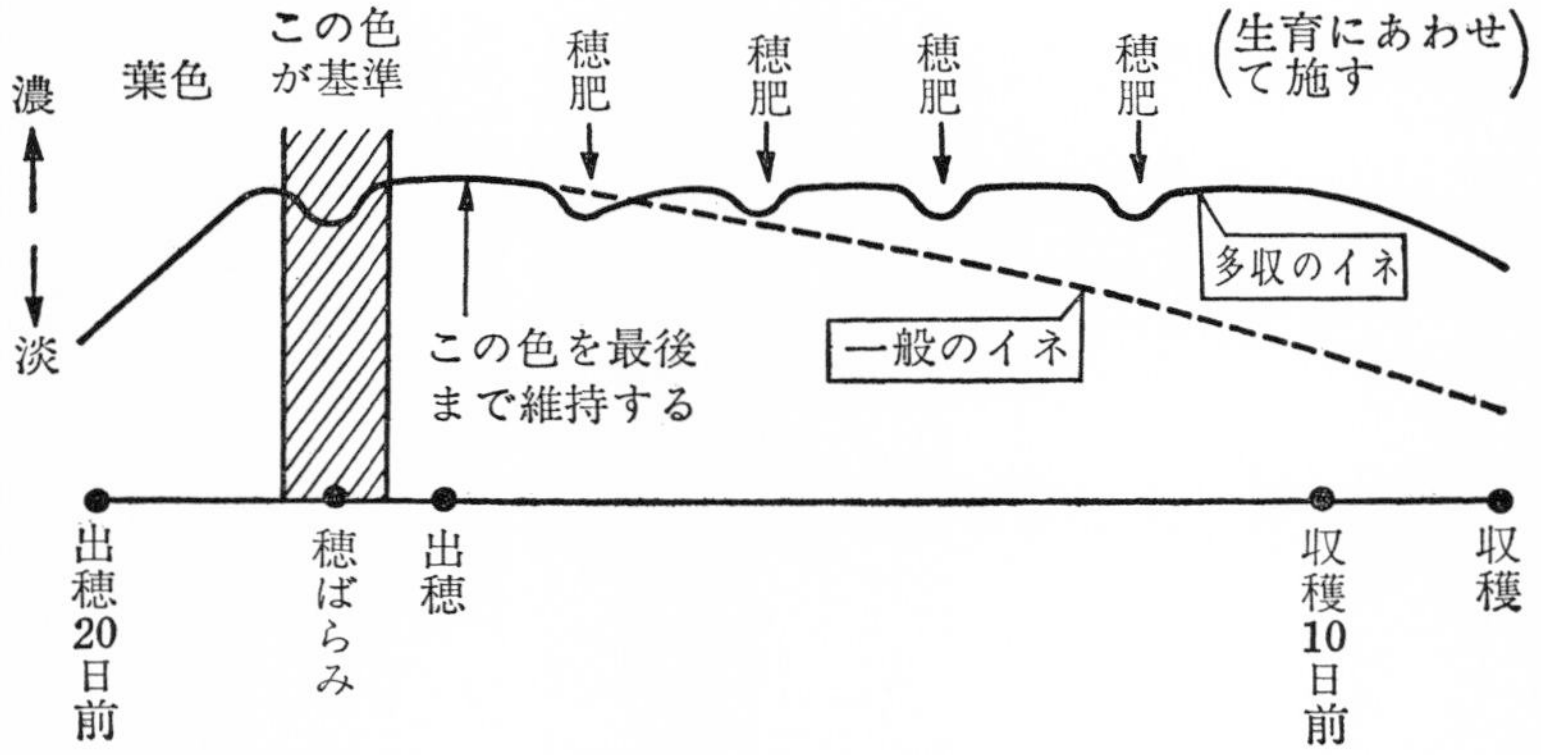

の老化を防ぐためのものである。

出穂してから刈取りまでの期間は、短いもので四五日、長いものは六〇日間ある。その間、枝梗の色が青々としているうちは、どんどん穂肥をやる。少ないときでも三回、多いときには一〇回もやることもある。元肥は少なくして追いこみのきくイネに育て、出穂後は徹底的に追いこむわけで、この点が従来のイネつくりと根本的にちがう点である。

葉の色と穂肥の判断　出穂後の穂肥の判断は、穂ばらみ期（出穂一〇〜五日前）を基準にしてやる。どんなイネでも、出穂二〇日前ごろから葉がだんだん青味をおびてくる。ところが、穂ばらみ期になると、葉の色がさめる。このときの色をよくおぼえておく。穂ばらみ期をすぎると、また葉は青味をおびてくるから、穂ばらみ期の色はみのがしてはいけない。

出穂後は、葉の色をよく観察していて、穂ばらみ期のときの色よりも薄くなったときはすかさず穂肥をやる。健康なイ

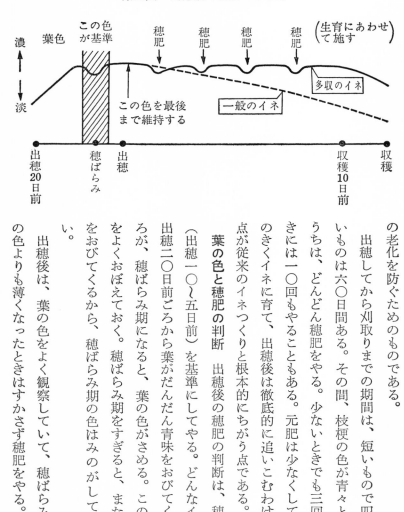

ネなら、穂がでてから一〇日くらいでさめてくる。そのまま放っておくと、イネの体力がおとろえ、かえって穂イモチに弱くなる。葉の色は、穂があるので遠くからみただけではわからない。緑色が葉の先端から葉鞘にさがりはじめるときをねらって施す。

穂肥の回数と量　天候によってもちがうし、イネの育ちぐあいによってもちがうが、目やすを葉色の変化において施す。一回の施肥量は、チッソ成分で一キロくらいにする。

追いこみのきくイネに育ち、しかも天候がよければ、穂肥はたいへんによく効くので、施す回数も多くなる。したがって、出穂後の穂肥は、その年の天候によって大きくちがってくる。さかんに同化作用が行なわれ、葉から穂へのデンプンの転流が多ければ多いほど、葉の活力をつけるためにチッソが必要になってくる。最後の穂肥は、イネ刈り一〇日前ごろには切りあげる。

やりすぎたばあいでも、倒伏するとか、若返って生育がおくれるとかいった心配はぜんぜんない。安心してやることができる。

三、生育後期の水管理

1、水の保持力をよくすること

出穂期の「花水」といわれるように、出穂期にはたくさんの水がいるといわれているが、これはどんな意味をもっているのだろうか。どうも、本田に水をはり、ほかで育てた苗を植えて除草対策を考えた深水栽培と同じような臭いがする。もっとものこばあいには、雑草対策ではなく別のことで必要があったようである。

ふつう、水の問題をとりあげるとき、イネはいつの時期にどのくらい水を必要とするから、多く要求するときには水が豊富に必要だ、というぐあいにきめられてきた。しかし、これは、実験の方法によってまちまちで、どれが正しいのか何ともいえないのが現状である。それでは、後半のイネの生理と水の問題を考えるばあい、どういう観点でみたらよいのだろうか。後半のイネは光合成が最良の状態でなければならないわけであるから、光合成をさかんにする条件を与えることを前提にした水管理が必要である。

出穂期以降の光合成を支配している条件に葉の水分量がある。これがうまく確保されないので、出穂後の光合成の維持がむずかしいという実験事実がある。また、葉が上に向かってピンと立ち受光体制をよくすることが大切で、それには、体内に水分が充分に保持されることが必要だ。つまり、水分張力によって体制が維持されるわけで、このような理由からも水分は重要な役割をはたしている。

それでは、水田に水をたくさん入れておけば、それですむかというと、そうではない。重要なのは水分の保持力である。

かりに、水田に水が充分にあったとしても、根の活力がおとろえていて、やっと出穂期までたどりついたような根では、水分の吸収も活発に行なわれない。水があってもイネ自体は吸えないが、葉からの水分蒸散はそのまま行なわれるために、体内では不足気味になる。

また、水分蒸散のさかんなイネに育ったばあいも結果は同じである。このように、水分を吸収することと蒸散によってでていくことの両面によって、水分の保持力がきまるわけである。

ここで問題になるのは、この保持力をどうしたら強めることができるかということである。保持力があるというのには、生き生きと生活していることが重要な意味をもっている。葉が疲れてきて、栄養分もとりこめない状態になると、水分吸収もおとろえて水分は不足気味になる。つまり、栄養分も豊かにして、葉に元気を与えないと水分吸収も強くならない。いいかえれば、この時期の水分保持力を高めるには、栄養的によいからだをつくってやることである。

こうしてみてくると、秋落ちになったような栄養状態のわるいイネに、いくら水をたくさん与えても、葉がピンとするように保持力を高めてやることはできない。だから、水を与えるということと、葉の張力を高める関係は、根の活力、体内の栄養状態を抜きにして考えられないわけであろう。

以上のような理由から、水は豊富に必要なわけだが、水分そのものを考えてみると、ヒタヒタ水であっても充分といえる。出穂期の「花水」などといって湛水することはないはずである。田の水が飽和状態になったら、あとは水面を〇センチにしようが二〇センチにしようが、根のまわりの水量はかわらない。

その意味でむしろ、このころの水（「花水」）は、地表部分の微気象をかえ、それによってよい環境をつくりだすことが利点なのかも知れない。

2、水による温度調節

出穂後は、地上部は葉が一面におおい、外の環境を遮断している。だから、イネのからだの大部分や地表部分の温度環境は水温に支配されることになる。

この点は、かなりはっきりしていて、出穂後の水温で株内の温度を調節できることは証明ずみである。ただし、どんな温度にしたらよいかは、まだまだ問題がある。

ふつう、頭にうかぶことは、出穂のとき高温では、光合成よりも呼吸量が高まり、消耗が多く登熟がわるくなることである。しかし、登熟のところでお話したように、穂にデンプンが送りこまれるには、葉はもちろんのこと炭水化物を送りこむパイプの葉鞘も、稈も、枝梗はもちろん穂自身も、呼吸をして、生き生きしていなければならない。

呼吸がさかんになるには温度があるていど高いほうがよい。事実、二五度までは温度が高いほど登熟がよいという実験がある。また二九度ぐらいでもかえってよいという報告もあるくらいである。

では夜温はどうか。夜は光合成をしないで、呼吸だけだから、夜温が高いとこれは問題になる。しかし、夜ただ呼吸しているだけでなく、イネはその呼吸で昼間つくった炭水化物を穂に送っている。

だから夜温は案外高いほうがよい。

しかもこの効果は、チッソが豊かなイネでよくみられたことは注目すべきである。しかし、出穂後一七日たつと、夜温は高くないほうがよいという。ただし、やはりチッソ栄養のよいイネのほうは、一七日以降高温でもそれほど登熟に影響を受けなかった。

こうなると、出穂後、水を張って、少なくとも温度を下げる必要は非常に暑い日以外は意味が少ないことになる。出穂後の水田は、イネでおおわれ気温より株間の温度が低いのがふつうであるから、水温調節は逆にため水を流して、あたたかい水を水田に入れる必要がでてくる。温度が高くて米はとれないなどということは簡単にはいいきれない。

ところで、高温になって困ることに根の問題がある。根も生きている。これも温度があるていど高いほうがものをよく吸う。しかし出穂後の根は少し立場がちがう。

3、根ぐされをおこさない管理

このころの根は、苦しい夏をやっと乗りきって疲れはて、根の酸化力も極度に衰えてきている。また出穂期以後は、全精力が穂に集中されるので根も葉も穂に従属化し、根に対する養分補給も少なくなる。つまり、根は生理的に根ぐされをおこしやすい状態になっている。地温があがれば、どうしても還元になって有害物がでてくる。これが問題だ。

水温を高めて、登熟をよくしようとすると根はまいってしまう。そうすれば、光合成に必要な水分や養分の補給が円滑にならず、登熟はかえってわるくなる。

そんなわけで、水温調節としての「花水」は不可解なことが多い。だから、むしろ出穂期には、水を張らずに中干しと同じように、有害物をとりのぞくつもりで、たびたび水をかえたほうが無難でもあり、根を元気づけるので賢明と思う。つまり、古い水と新しい水をたびたび交換するような気持ちで水管理をしたらよい。事実、水を張った水田の根よりも、湛水しない飽和ていどの水田の根のほうが健全で長生きしている例がある。

出穂期以後は、根ぐされなど問題にならないと思っている人が多いようだ、むしろ真夏のころよりも根ぐされをおこしやすいぐらいである。

土の中で活躍している微生物は、土の中の有機物を食物にして生活しているが、このころになると食物もだんだん不足するので、イネの根を食いものにして繁殖をつづける。もちろん、根の活力のあるばあいはそんなことにならないが、極度に衰弱してくると、自活力を失い、からだのほかの器官に養分をとられてしまうばかりでなく、養分を外にはきだすようになる。こうなると、完全に微生物とのたたかいに破れたことになり、急速に根ぐされをおこす。

昔は、後期のイネの根は、あまり元気にさせるとできおくれになったり、根に養分がいってしまって登熟がわるくなるなどといわれたものだが、それは本当に昔の話である。

4、落水期のきめ方

落水期については、出穂後二〇日たったら落水するのだというように、機械的にきめることも問題がある。従来のような秋落ち型のイネつくりだとそれで充分かもしれないが、秋まさり型のイネつくりで、出穂後の受光体制がよく、葉も生き生きしているようなときに二〇日後に落水したのでは、養分の動きがストップして登熟にマイナスの影響を与える。

一般に落水をおくらせると、熟期がおくれて青米がでたりして登熟がわるくなる。それに、刈取り作業がやりにくくなるなどといわれてきたが、刈取り作業のことを別にすれば、落水期がおくれるから登熟がおくれるということはないはずである。

刈り取ったあとに切り株からヒコバエがたくさんでることがある。これは、刈取り後の気候のぐあいにもよるが、でるばあいでも、よい水田とわるい水田とでは出方がちがう。どうしてもわるい水田の切り株のほうが多くでる。湿田とか冷害などにあうと非常に多くのヒコバエが発生する。これは、あきらかに食い残しの養分が切り株に残ったもので、体内に蓄積されたものが完全に穂に移行しなかった証拠である。このように、養分が体内に残らず、完全に穂に送りこまれるためには、一つには枝梗がいつまでも青々と元気に活動していかなければならないわけで、この枝梗が黄色く枯れてしまったのでは、水分が充分あっても体内の養分が穂に移行することはできない。

極端に秋期低温のばあいは、枝梗が青々としていても、低温のために生活機能が停止してしまうのだから、なんとなく生きているだけで登熟をよくすることにはならないが、ふつうのばあいは、枝梗がいつまでも青味を帯びていることは、葉でつくられた炭水化物が穂に送られることになって、それだけ光利用の効率が高くなる。つまり、最後の最後まで追いこもうとするならば、この移行するパイプをいつまでも生かして長もちさせる必要があるということだ。もちろん、穂は生きていてデンプンづくりにはげんでいなければならない。したがって、刈取り直前まで水分をきらさないようにもっていく考えも、受光体制のよい追いこみのきくイネには必要になるだろう。

五、倒伏の生理

1、倒伏の原因

(1) 倒れたイネと倒れないイネ

イネの倒伏は節から折れるばあいは少なく、節間が曲がるかあるいは折れるばあいがほとんどである。節間一センチ当たりの重さを、倒伏したイネと倒れないイネについて調査し比較したのが第63図である（記号の説明は第64図参照）。

倒伏に関係深いN_3・N_4は、はっきりとした差があらわれる。とくにN_4においては無倒伏のイネの節間重がたいそう重い。節間重が重いことは、太いパイプであることを意味するので、〝曲げ〟とか〝折れ〟に対する抵抗力が強くなり、倒れにくい特性になる。

しかし、倒伏を考えるばあいには、稈だけを単独に取りだすわけにはいかない。倒伏に対する抵抗性は、稈の強度とさらにその部分を包む葉鞘の強度から成り立っている。

第65図は茎（稈＋葉鞘）の〝折れ〟に対する抵抗性のうち、葉鞘の占める比率を調査した成績である。S_1（止葉の葉鞘）は五二パーセント、S_2は四〇パーセント、S_3は三一パーセント、S_4は一三パー

第63図　倒れたイネと倒れないイネの節間重の比較（瀬古）

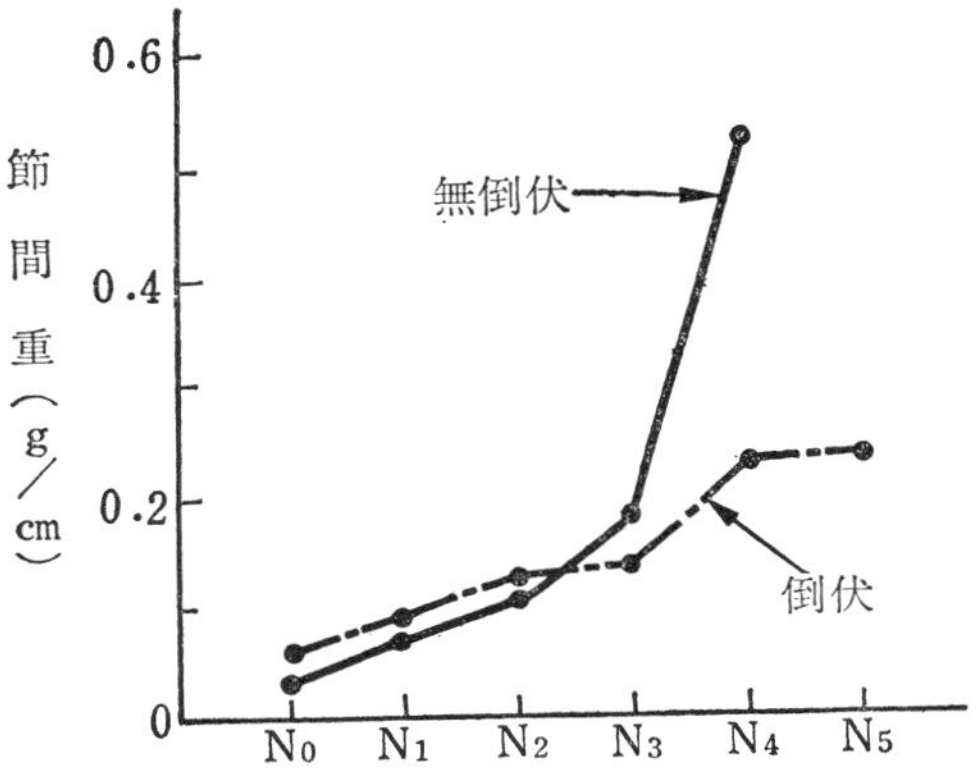

第64図　記号の説明

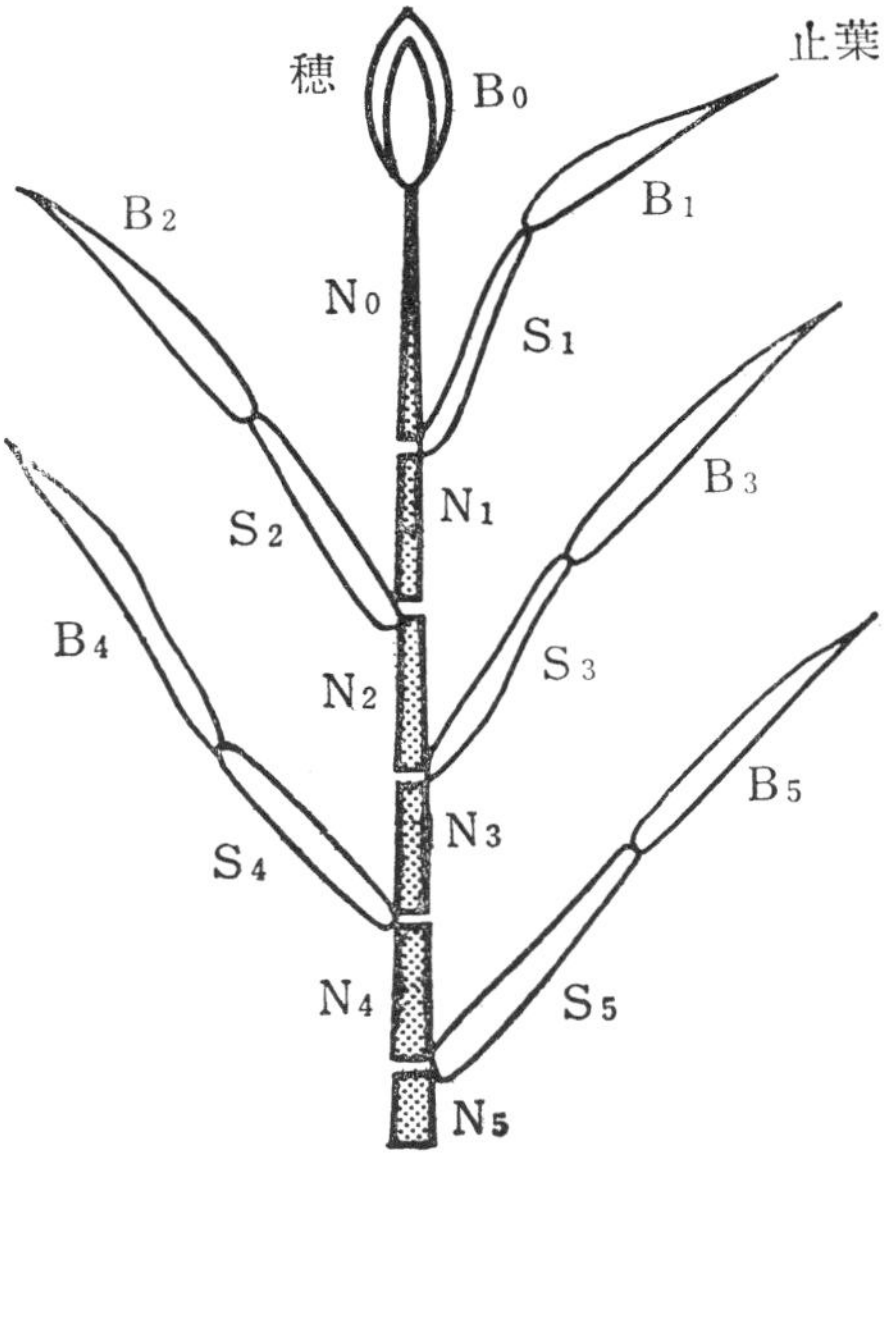

第65図　"折れ"の抵抗性のうち葉鞘の占める割合（久保）

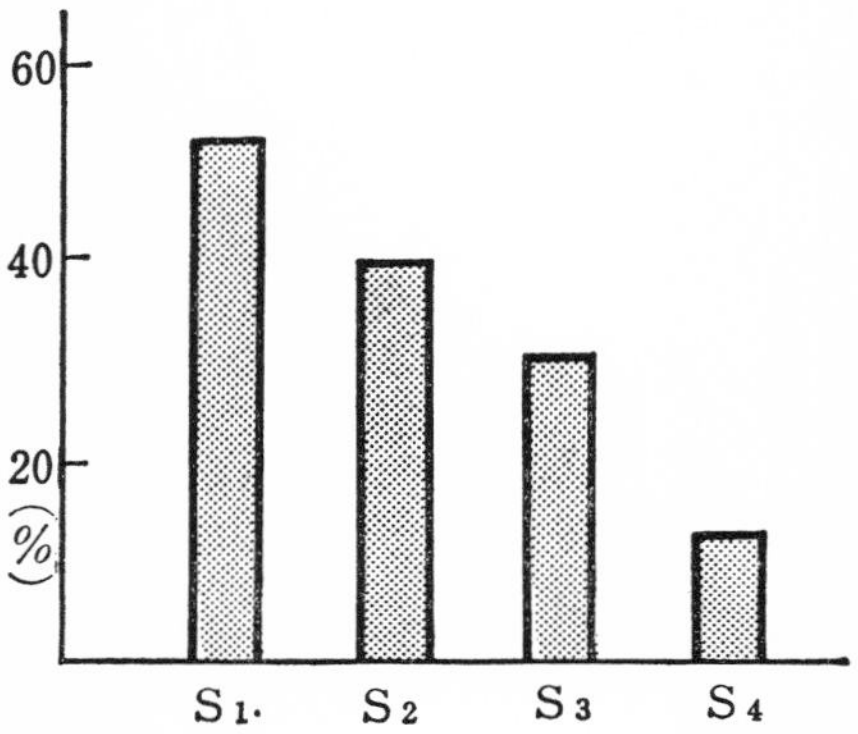

セントとなっている。つまり、上部の葉鞘ほど茎が折れるのを防いでいる。しかし、下部の葉鞘もそれ自身の強度が弱いのではなくて、稈が強いために葉鞘の役割は相対的に低下しているだけである。もし、節間が伸びて稈が弱くなったときは、葉鞘の役割がものをいう。

葉鞘が枯れるかまたは半死状態になると、葉鞘の力はひどく弱くなり、茎全体の倒伏抵抗性が小さくなる。とくに倒伏の原因となるのは、第64図のN_3やN_4が曲がったり折れたりすることであるから、その節間を包む葉鞘（S_4・S_5）が丈夫でなくてはならない。S_4やS_5はいわゆる登熟期における下葉の葉鞘であるので、下葉を枯らさないことがイネの倒伏を防ぐための重要な手段である。

葉鞘の抵抗性

倒れないイネつくりは、まず、単位稈長重を重くすることであるが、これは稈長を短くするか、茎重（稈重＋葉鞘重）を重くすればよい。茎重が重いのは、稈が太く充実し葉鞘が枯れないで丈夫であることを意味している。また、茎重が一定であっても、稈長の短いものは単位稈長重が大となる。これは、倒れにくい品種に短稈のものが多いことからしてもうなずけるであろう。短稈品種であっても、地ぎわの節間（N_3・N_4）が伸びては倒れやすくなる。

(2) 倒伏と炭水化物の蓄積

無倒伏株は、糖とデンプンを多く含んでいる。倒伏株はデンプンはほとんどなく、しかも糖含量も少ない。秋落ち田のイネや、根ぐされによって早期に枯れ上がったイネは、過繁茂でなくともしばしば倒伏するが、稈中の炭水化物はほとんどなくなっているといわれている。糖が稈中に存在すると浸透圧が高まり、稈の組織内に水を多く保有することができるので、稈を若々しく丈夫に保つことができるというすじみちも考えることができる。

2、節間の伸びるのはなぜか

倒伏は地ぎわの節間が曲がったり折れたりして生じるものであるから、地ぎわの節間を短くして、節間重を重くする手だてが必要となる。そこで、イネのからだの各部位の長さがきまる原理を考えてみたい。

長く伸びた節間と短い節間とを、それぞれタテにうすく切り開いて顕微鏡で観察する。長く伸びた節間は短いものにくらべて大型の細胞が並んでいる。しかも、節間全体では細長い細胞がタテに並ぶことが多い。それらの細胞はハシゴのように並んでいる。ハシゴにたとえてみると、長い節間はハシゴの段の間隔が長く、それに段数が多いときているから、ハシゴ全体の長さはずっと長くなるりくつだ。おおまかにいえば、細胞の一つ一つはセルローズ（センイ素・炭水化物の一種）でできた袋であって、その中にタンパク質がつまっている。

光合成で生産された糖類は、ほかに使いみちがなければ、デンプンになって組織の中にたくわえられる。ところが、チッソの多い組織では、チッソが糖類といっしょになり、複雑な過程をたどってタンパク質を形成する。

きわめてわずかな量であっても生長ホルモンが作用すると、細胞を包む袋（細胞壁）は肥大をはじめるから、組織全体はおどろくほど伸長する。このような細胞肥大の過程で、光合成によって生産された糖類は細胞壁の造成に使用されるので、デンプンの生成量は少なくなる。チッソが効きすぎて徒長したイネの稈基部にはデンプンが少なくなるのは、そんないきさつがあるのだ。

生長ホルモンには多くの種類があるが、そのほとんどは広い意味での植物体内のタンパク質代謝の過程から製造される。ごく微量であっても器官の伸長にきわめて大きくひびくので、あまり量が多くなりすぎると不利益なばあいもあり、植物はその安全弁として過剰なホルモンを破壊する仕組みをもっている。その仕組みの一つとして、生長ホルモンは光によって破壊されて働きを失う性質を持っている。日かげの植物がひょろ長くなるのは生長ホルモンが光で破壊されないからだといわれる。日照不足のイネの草丈が伸びたり過繁茂のイネの草丈が高くなるのは、光不足のために生長ホルモンがこわされないで伸長部位に作用することも原因の一つにあげることができる。

イネつくりの基礎

1973年11月10日　初版第１刷発行
1998年10月10日　初版第32刷発行
2020年２月10日　復刊第１刷発行
2023年４月５日　復刊第２刷発行

編者　農文協

発行所　一般社団法人 農山漁村文化協会
〒335-0022　埼玉県戸田市上戸田２-２-２
電話　048（233）9351（営業）　048（233）9355（編集）
FAX　048（299）2812　振替 00120-3-144478
URL　https://www.ruralnet.or.jp/

ISBN 978-4-540-19173-2
〈検印廃止〉
印刷／藤原印刷㈱
製本／根本製本㈱

定価はカバーに表示
乱丁・落丁本はお取り替えいたします。